やさしい水理学

和田 明・遠藤 茂勝・落合 実=共著

森北出版株式会社

● 本書のサポート情報を当社Webサイトに掲載する場合があります．下記のURLにアクセスし，サポートの案内をご覧ください．

　　　　　　　　https://www.morikita.co.jp/support/

● 本書の内容に関するご質問は，森北出版 出版部「(書名を明記)」係宛に書面にて，もしくは下記のe-mailアドレスまでお願いします．なお，電話でのご質問には応じかねますので，あらかじめご了承ください．

　　　　　　　　editor@morikita.co.jp

● 本書により得られた情報の使用から生じるいかなる損害についても，当社および本書の著者は責任を負わないものとします．

■ 本書に記載している製品名，商標および登録商標は，各権利者に帰属します．

■ 本書を無断で複写複製（電子化を含む）することは，著作権法上での例外を除き，禁じられています．複写される場合は，そのつど事前に(一社)出版者著作権管理機構（電話03-5244-5088, FAX03-5244-5089, e-mail:info@jcopy.or.jp）の許諾を得てください．また本書を代行業者等の第三者に依頼してスキャンやデジタル化することは，たとえ個人や家庭内での利用であっても一切認められておりません．

はじめに

　水理学は土木工学や環境問題の基礎科目の一つである．水理学は河川工学，水文学，海岸工学，地圏工学，水資源工学を修得するさい欠くことのできない科目となっており，土木技術者になるために不可欠の学問となっている．水理学は実用的な学問として発達し，その実際的技術は先史時代から始められている．

　水道の建設はエルサレムが初めてといわれ，貯水池を造って水を貯え，石造りの水路で水を導いた．大規模な水路を建設したのはローマ帝国で，今日でもその遺跡が残っている．このさい，水を運ぶために，その形状と大きさを設計する必要があり，ここに水理学について多くの発見と進歩があった．

　近年になって，流体力学や電子計算機の進歩によって，水理学の理論体系は強化された．

　水理学の応用分野としては，開水路の流れ，河川，海岸の流れ，上下水道や種々の管路内の流れ，さらに大気や海洋の流れなどがある．

　このように流体の流れは人類が誕生して以来今日までわれわれの生活だけでなく土木工学，機械工学，建築工学，化学工学，航空工学など多岐の分野にわたって，密接に関わりをもっている．

　なぜ水理学が必要なのか，水理構造物を設計するとき，どのような単位を用いるのか，われわれが取り扱う流体がどのような物理的性質を有しているのかまたどのような挙動を示すのかについて本書でわかりやすく述べる．

　本書は，JABEE 認定基準に沿った技術者教育を意図して作成したもので，2003 年から 2 年生を対象に講義で使用した内容に準拠したものである．

　本書の執筆にあたり，水理学や流体力学の教科書，専門書を読み返してみた．名著も多く，本書のほとんどがこれらの著書を参考にさせていただいたことに多くの著者の方々に対し感謝申し上げる次第である．

2005 年 9 月　　著　者

目 次

1. 流体の性質 ·· 1
 1.1 各物性値の定義 ·· 1
 演習問題 1 ·· 6

2. 静水の力学 ·· 7
 2.1 圧力とその特性 ·· 7
 2.2 静水圧の性質 ·· 7
 2.3 パスカルの原理と水圧機 ······························ 11
 2.4 水圧計とマノメーター ································ 11
 2.5 壁面に作用する水圧 ·································· 12
 2.6 浮 力 ·· 15
 演習問題 2 ··· 16

3. 水の運動 ·· 19
 3.1 流速と流量 ·· 19
 3.2 流線，流跡 ·· 20
 3.3 粘性流体と非粘性流体 ································ 21
 3.4 圧縮性流体と非圧縮性流体 ···························· 21
 3.5 理想流体と実在流体 ·································· 21
 3.6 定常流と非定常流 ···································· 22
 3.7 層流と乱流 ·· 22
 演習問題 3 ··· 23

4. 一次元流れ ·· 25
 4.1 連続の式 ·· 25

 4.2 ベルヌーイの定理 ････････････････････････････････････ 26
 4.3 運動量の法則 ･･ 28
 4.4 運動量の式の応用 ････････････････････････････････････ 30
 演習問題 4 ･･ 32

5. 流れの運動の基礎方程式 ･････････････････････････････････ 34
 5.1 運動方程式 ･･ 34
 5.2 連続の式 ･･ 37
 演習問題 5 ･･ 39

6. 管路の流れ ･･･ 40
 6.1 管 路 ･･ 40
 6.2 摩擦による損失 ･･････････････････････････････････････ 41
 6.3 摩擦抵抗以外の水頭損失 ････････････････････････････ 43
 6.4 断面積変化による損失 ･･････････････････････････････ 44
 演習問題 6 ･･ 51

7. 開水路の流れ ･･･ 54
 7.1 開水路流れの分類 ･･････････････････････････････････ 54
 7.2 開水路の断面および流速が一定の場合の流れ ･･･････ 54
 7.3 開水路の最良断面形状 ･･････････････････････････････ 57
 7.4 比エネルギー ･･ 58
 7.5 流量を一定とした場合 ････････････････････････････････ 59
 7.6 比エネルギーを一定とした場合 ･･･････････････････････ 60
 7.7 フルード数 ･･ 61
 7.8 一様でない流れ ･････････････････････････････････････ 61
 7.9 水面形の種類 ･･･････････････････････････････････････ 63
 7.10 等流の水深 (h_0) ･････････････････････････････････ 66
 7.11 勾配変化部の水面形 ･････････････････････････････ 66
 7.12 跳 水 ･･ 67

iv 目　次

　　演習問題 7 ………………………………………………… 69

8. 波 …………………………………………………………… 71
　8.1　波の一般的性質 ………………………………………… 71
　8.2　波の運動の基本量 ……………………………………… 72
　8.3　長　波 …………………………………………………… 74
　8.4　正弦波としての波の性質 ……………………………… 78
　　演習問題 8 ………………………………………………… 80

9. 物体に働く流体力 …………………………………………… 81
　9.1　抗力と揚力 ……………………………………………… 81
　9.2　抗力係数と揚力係数 …………………………………… 84
　9.3　円柱まわりの流れ ……………………………………… 85
　9.4　カルマン渦列 …………………………………………… 86
　9.5　円柱の抗力 ……………………………………………… 87
　　演習問題 9 ………………………………………………… 89

演習問題解答 ……………………………………………………… 90
付　録 ……………………………………………………………… 104
参考文献 …………………………………………………………… 112
索　引 ……………………………………………………………… 113

1. 流体の性質

流体は自由に変形できる物質である．流体が運動している状態を「流れ」という．流体を特徴づけるものとして「粘性」という性質がある．水の抵抗を発生させる原因となる．

目標
水の物質的性質を理解し，単位の使い方を確実にすること．

1.1 各物性値の定義

流体の特性を表す値が物性値である．水理学でとくに重要な物性値についてその定義を説明する．

1.1.1 流体の密度，比重量，比重

流体の単位体積当たりの質量を密度といい，ρ で表す．体積 V の質量が M であるとき，その物質の密度 ρ は

$$\rho = \frac{M}{V} = \frac{質量}{体積} \tag{1.1}$$

となり，国際単位系SI（付録参照）で密度の単位は $\mathrm{kg/m^3}$ を用いる．密度は状態量であり，物質，温度および圧力によって定まる値である．標準気圧（101.3 kPa），4℃の水の密度は

$$\rho_w = 1000\,\mathrm{kg/m^3}$$

である．また，標準気圧（101.3 kPa），15℃における標準状態の乾燥空気の密度は

$$\rho = 1.226\,\mathrm{kg/m^3} \fallingdotseq 1.2\,\mathrm{kg/m^3}$$

である．液体の密度 ρ と 4℃における水の密度 ρ_w の比を比重 s といい式 (1.2)

のようにあらわす．

$$s = \frac{\rho}{\rho_w} \tag{1.2}$$

密度の逆数を**比体積** v といい，式 (1.3) のようにあらわす．

$$v = \frac{1}{\rho} \tag{1.3}$$

単位体積当たりの重量を比重量という．密度に重力の加速度 g が作用したものを**単位体積重量** w という．

$$w = \rho g \tag{1.4}$$

と表すことができる．

1.1.2 粘性係数と動粘性係数

流体の「ねばり」を表す物性値が粘度である．いい換えれば，流体を変形させるときの抵抗の大きさを代表する物性値ともいえる．

ここで，図 1.1 に示すように，二枚の平行な平板間に流体が満たされている場合の流体の**粘性**について考える．二枚の平板間の距離 h は小さく，下板は固定され，上板は速度 U で移動している．流体は固体表面に付着する性質をもっているので，上板の表面では壁面に付着して上板と同じ速度 U で右方向に移動し，下板では，速度 0 である．すなわち，下板からの距離 y での速度を u とすると

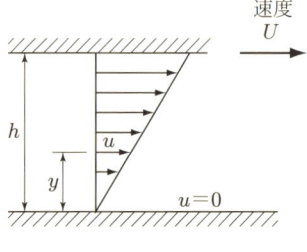

図 **1.1** 平行平板間の流れ

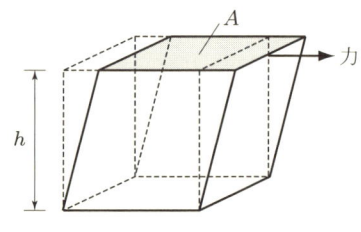

図 **1.2** せん断変形

$$y = 0 : u = 0$$
$$y = h : u = U \tag{1.5}$$

となり，これは**すべりなしの条件**といわれる．なお，式 (1.5) が成立するような平行流れを**クエット流れ**といい，速度分布の形状は直線状に変化し

$$u = \frac{Uy}{h} \tag{1.6}$$

が成立する．

いま，上板を速度 U で移動させるためには，力 F が必要である．この力 F は，上板の面積 A と速度 U に比例し，距離 h が小さいときには，h に反比例する（図 1.2 参照）．このときの比例定数を μ とすると

$$F = \mu A \cdot \frac{U}{h} \tag{1.7}$$

平板に作用する単位面積当たりの接線力，すなわち**せん断応力** τ は

$$\tau = \frac{F}{A} = \mu \frac{U}{h} = \mu \frac{u}{y} \tag{1.8}$$

また，流れ場の速度の分布が直線状でなく，図 1.3 に示すように徐々に変化する速度分布をなしている場合には，隣接する二つの流体層の間に働くせん断応力は

$$\tau = \mu \frac{du}{dy} \tag{1.9}$$

で表される．比例係数 μ を**粘性係数**（または粘度）という．

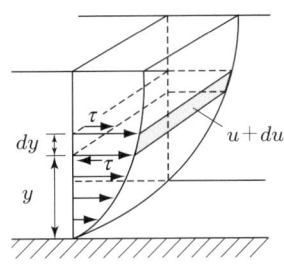

図 1.3　速度勾配をもつ流れ

温度と圧力が一定のときには，μ は一定値となる．粘性係数 μ の単位は，SI 単位では

$$\mu = \frac{\tau y}{u} = \frac{(\text{N/m}^2)\cdot\text{m}}{\text{m/s}} = \frac{\text{N}\cdot\text{s}}{\text{m}^2} = \text{Pa}\cdot\text{s}$$

である．

なお，流体の力学では，式 (1.10) で示すように粘性係数 μ を密度 ρ で除した

$$\nu = \frac{\mu}{\rho} \tag{1.10}$$

を用いるのが便利であり，この ν を**動粘性係数**（または**動粘度**）という．

動粘性係数 ν の単位は，SI 単位では

$$\nu = \frac{\mu}{\rho} = \frac{\text{Pa}\cdot\text{s}}{\text{kg/m}^3} = \frac{\text{kg}\cdot\text{m}\cdot\text{s}}{\text{s}^2\cdot\text{m}^2}\cdot\frac{\text{m}^3}{\text{kg}} = \frac{\text{m}^2}{\text{s}}$$

である．

水の粘性係数および動粘性係数の値は，温度によって表 1.1 のように変化する．

表 1.1 水の粘性係数および動粘性係数

温度 [℃]	0	5	10	15	20	25	30	40	50
粘性係数 μ [10^{-3} kg/(m·s)]	1.792	1.520	1.307	1.138	1.002	0.890	0.797	0.653	0.548
動粘性係数 ν [10^{-6} m²/s]	1.792	1.520	1.307	1.139	1.004	0.893	0.801	0.658	0.554

1.1.3 水の表面張力と毛管現象

液体は分子間引力による凝集力をもっており，液体表面では収縮しようとする力が働く．この力を**表面張力**と呼び，単位長さ当たりに働く力 [N/m] で表す．

水滴が草の葉で球状をしているが，これも表面張力によって縮まろうとするからで，水滴内の圧力は大気圧より高くなる．液滴の直径を d，表面張力を T，内部の圧力上昇を Δp とすると，図 1.4 のような力のつり合いから

$$\pi dT = \frac{\pi d^2}{4}\Delta p$$

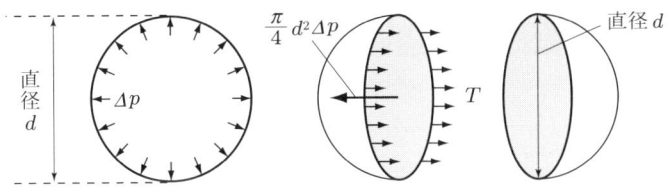

図 1.4 液滴内部の圧力上昇と表面張力とのつり合い

$$\therefore \quad \Delta p = \frac{4T}{d} \tag{1.11}$$

と表すことができる．

　液体と固体との間には付着力が作用する．表面張力と付着力のため，液体の自由表面に細管を立てると，図 1.5 に示すように管内の液面は上昇あるいは下降する．この現象を毛管現象という．図 1.6 に示すように，管の直径を d，液体の壁に対する接触角を θ，液の密度を ρ，水面の平均高さを h とすると，付着力によって壁に付いた液体が表面張力によって管内の液を引き上げようとする力と管内の液体の重量とのつり合いから，次式を得る．

$$\pi d T \cos\theta = \rho g \frac{\pi d^2}{4} h$$

$$h = \frac{4T\cos\theta}{\rho g d} \tag{1.12}$$

ここに，T：表面張力，ρ：液体の密度，g：重力の加速度，
　　　　d：管の内径，ρg：液体の単位重量，θ：接触角．

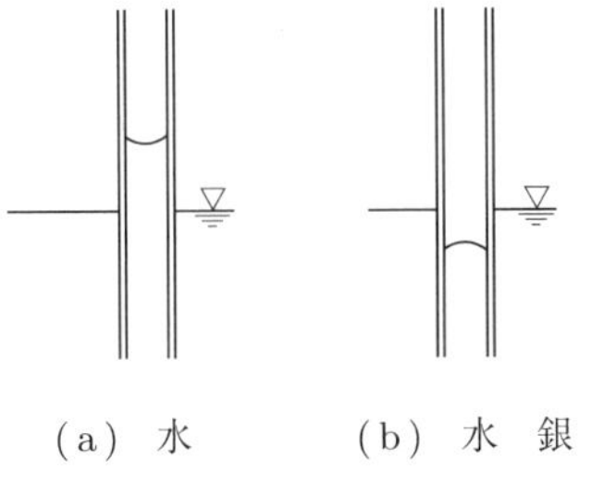

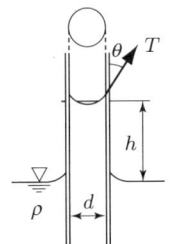

(a) 水　　(b) 水 銀

図 1.5 毛管現象による液面の変化　　**図 1.6** 毛管現象による液面の上昇

演習問題 1

(1) 温度 4 ℃,体積 $V = 1\,\mathrm{m}^3$ の水の質量 m,比重 s および重力の場における重さ $W\,(\mathrm{kN},\,1\,\mathrm{N} = 1\,\mathrm{kg}\cdot\mathrm{m/s}^2)$ を求めよ.

(2) 内径 4 mm のガラス管を静水表面に立てたとき,毛管現象により水が上昇する高さ h を求めよ.ただし,水温は 15 ℃,水とガラス管の接触面は 8° とする.

(3) 水銀の比重を 13.6 とするとき,水銀の密度および比体積を求めよ.

(4) 問図 1.1 のように液体中に細いガラス管(内径 $d = 3\,\mathrm{mm}$)を立てた.液体が水の場合,水の密度 $\rho = 0.995\,[\mathrm{g/cm}^3]$,接触角 $\theta = 5°$,表面張力 $T = 7.27 \times 10^{-2}\,[\mathrm{N/m}]$ として毛管高さ h を求めよ.

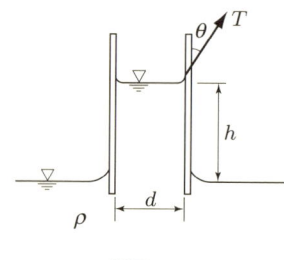

問図 1.1

2. 静水の力学

　貯水池やダムに貯められた水は静水状態にあるとみなされ，水圧が問題となる．**水圧**（**静水圧**ともいう）は単位面積に作用する力の大きさで表し，記号 p を用いる．水圧の単位として [Pa]，[kPa] が用いられる．水圧がある面に作用した場合，面積全体についての力を考えることがあり，この力を**全水圧**といい，P で表す．全水圧の単位は [N]，[kN] など力の単位を用いる．静水の力学の特徴は面に対して垂直な圧力だけが作用することであるが，水工構造物の設計上重要な考え方となるアルキメデスの原理やパスカルの原理などもこの章で取り扱う．

> 🏁 目標
> 水中の物体に働く水圧の計算法を理解する．

2.1 圧力とその特性

　静止流体中にある壁面には，その面に垂直な流体力が作用する．単位面積当たりに作用するこの力を液体の**圧力**という．静止流体中において，任意の点を含む微小平面の面積を ΔA とし，これに作用する流体力を ΔP とすると

$$p = \lim_{\Delta A \to 0} \frac{\Delta P}{\Delta A} = \frac{dP}{dA} \tag{2.1}$$

この p が流体の圧力であり，面に垂直に面を押す方向に作用する．いま，面積 A の平板に働く流体力が場所によって異なり，その合計が P の場合には

$$\bar{p} = \frac{P}{A} \tag{2.2}$$

となり，$\bar{p}$ を面積 A に働く流体の**平均圧力**，P を**全圧力**という．

2.2 静水圧の性質

　静止している水中では，摩擦力は働かず，圧力のみが作用する．この圧力を静

水圧と呼ぶ．静水圧の性質として以下の 2.2.1〜2.2.3 にまとめることができる．

2.2.1 静水圧の大きさ p は水深に比例する

いま，重力場のなかで流体が静止しているものとする．図 2.1 のように，微小円柱を考える．断面積を dA とし，上面に働く圧力を p とすれば dz 離れた下面に働く圧力は $p + \dfrac{dp}{dz} dz$ であるから，この円柱に働く力の釣り合いは次のようになる．

$$pdA + \rho g dA dz = \left(p + \frac{dp}{dz} dz\right) dA \tag{2.3}$$

$$\frac{dp}{dz} = \rho g \tag{2.4}$$

ただし，z は鉛直下向きの座標である．

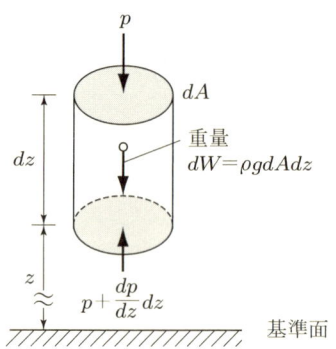

図 2.1 鉛直な微小円柱のつり合い

式 (2.4) から，流体の圧力は高さだけで定まり，同じ高さであれば同一の圧力になることがわかる．非圧縮性流体では密度 ρ を一定としてよいので，上式を積分すると

$$p = \rho g \int dz + C = \rho g z + C \tag{2.5}$$

となる．ここで，C は積分定数である．基準面から水面までの高さを z_0，水面に働く圧力を p_a とすると（図 2.2 参照），

$$p_a = -\rho g z_0 + C$$

$$\therefore \quad C = p_a + \rho g z_0$$

となる．したがって，式 (2.5) は

$$p = p_a + \rho g(z_0 - z) = p_a + \rho g h \tag{2.6}$$

となる．

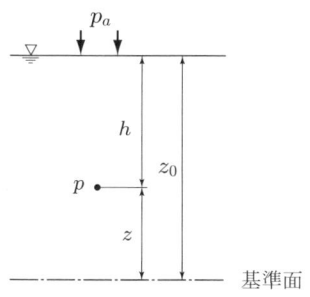

図 2.2 液体内の圧力

2.2.2 圧力の等方性（一点に作用する静水圧はどの方向からも同じ大きさで作用する）

図 2.3 のように，静止流体内に単位幅の微小直角三角柱を考える．各微小面 dA，dA_1，dA_2 に働く圧力をそれぞれ p，p_1，p_2 とすると，水平方向および鉛直方向の力のつり合いから次式が成立する．

$$p_1 dA_1 = p dA \sin\theta \tag{2.7}$$

$$p_2 dA_2 = p dA \cos\theta + \frac{1}{2}\rho g dA_1 \cdot dA_2 \tag{2.8}$$

ここで，$dA_1 = dA\sin\theta$，$dA_2 = dA\cos\theta$ であり，図の三角柱を無限に小さくすると三角形の自重は高次の無限小となることから省略する．

したがって，

10　第2章　静水の力学

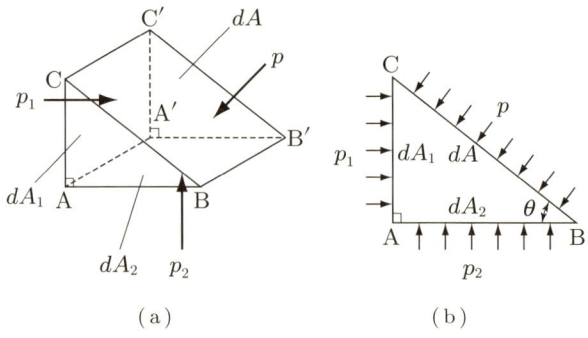

図 2.3　微小三角柱に作用する圧力

$$p_1 = p_2 = p \tag{2.9}$$

となり，静水中のある一点の水圧の強さは，どの方向をとってもその大きさは同じである，ということができる．

2.2.3　静水圧は面に垂直に作用する．

面に作用する水圧が，仮に斜め方向から働くものとすると，その力は面に対して平行な分力を生じるから，水は面に沿って流動することになり（図 2.4 (a)），静水の状態でなくなるので，**静水圧は面に垂直に作用する**ことになる（図 2.4 (b)，図 2.4 (c)）．

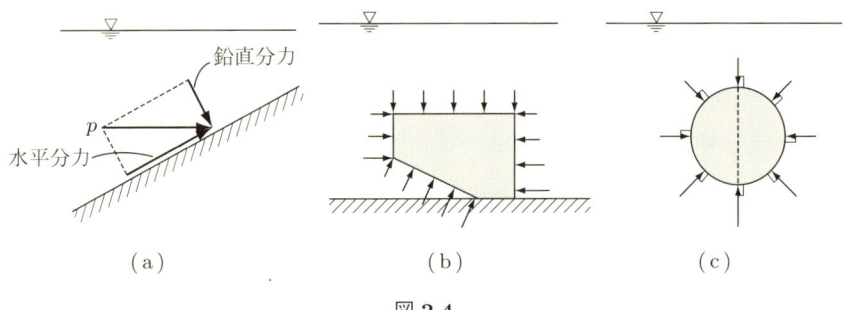

図 2.4

2.3 パスカルの原理と水圧機

図 2.5 のように密閉された容器内に液体を満たし，この一部に圧力を加えると，その圧力は増減することなくすべての部分に伝わる．また圧力は，容器の形には関係なく容器の壁面に垂直に作用する．この事実を**パスカルの原理**という．

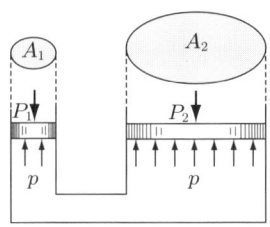

図 2.5 水圧機

図 2.5 において，面積 A_1 の小さなピストンを P_1 の力で押せば，$p = P_1/A_1$ なる液圧を発生し，それが面積の大きなピストンを $P_2 = pA_2$ で押すことになる．

$$P_2 = P_1 \frac{A_2}{A_1} \tag{2.10}$$

で，小さな力で大きな力 P_2 を発生することができる．これが水圧機の原理である．

2.4 水圧計とマノメーター

水圧は水深に比例するから，水圧を測りたい箇所に小孔を開け，透明な細管を付けて細管内を上昇する水柱の高さを測ると，次式から水圧を知ることができる．

$$\Delta p = p_2 - p_1 = \rho g h$$

液柱の高さによって流体の圧力を求めるものをマノメーターという．たとえば，パイプの中を流れている液体の圧力を測定する場合には，図 2.6 (a) に示す

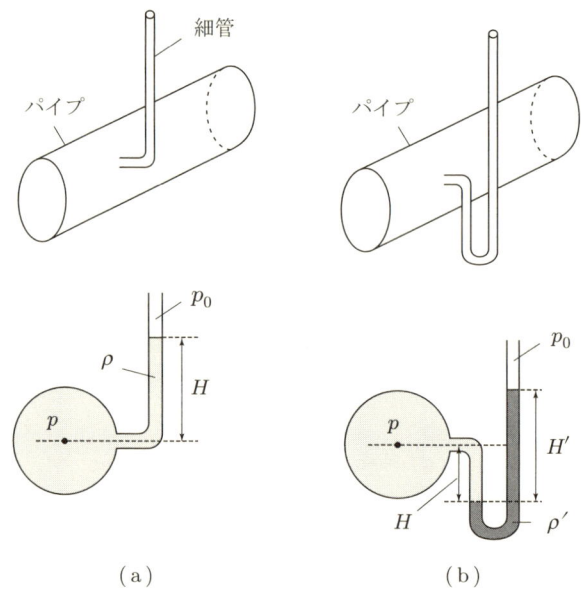

図 2.6 マノメータ

ようにマノメーターをたてて，上昇した液柱の高さ H を測定して圧力 p を求める．大気圧を p_0，液体の密度を ρ とすると

$$p = p_0 + \rho g H \tag{2.11}$$

となる．圧力 p が大きいときは，H が高くなって不便なので，図 2.6(b) のように U 字管マノメータにして，水銀のような密度の大きな液 ρ' を入れる．

$$p + \rho g H = p_0 + \rho' g H'$$

$$\therefore \quad p = p_0 + \rho' g H' - \rho g H \tag{2.12}$$

2.5 壁面に作用する水圧

2.5.1 流体中の壁面に働く力

静止した液体中にある壁面に働く力は，圧力を面積分することによって求め

2.5 壁面に作用する水圧　13

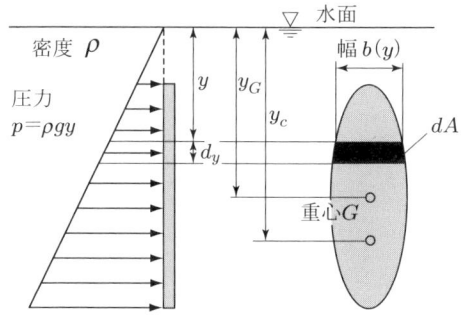

図 2.7　鉛直な平面に働く力

られる．このように圧力によって面に働く力を**全圧力**という．図 2.7 に示す鉛直な平面の片側に働く力を求める．

微小面積 dA における圧力 p は面に直角に働く．面に働く力は pdA であり，壁面に働く全圧力 P は次の面積分によって計算される．

$$P = \int_A pdA \tag{2.13}$$

水面から深さ y における圧力は ρgy，平板の幅を $b(y)$ とすれば，式 (2.13) から P は次のようになる．

$$P = \int_A \rho gy dA = \int_A \rho gy b(y) dy \tag{2.14}$$

ここで，水面から平面の重心までの深さを y_G とすれば，重心の性質から次式が成り立つ．

$$\int y b(y) dy = y_G A \tag{2.15}$$

ここで，A は平面の面積である．式 (2.15) を式 (2.14) に代入すると，

$$P = \rho g y_G A \tag{2.16}$$

となる．したがって，重心位置における圧力 ($\rho g y_G$) に面積 A をかければ**全圧力** P が求められる．

次に全圧力の作用点を求める．この作用点を**圧力の中心**といい，モーメント

のつり合いから求められる。圧力の中心の位置を y_c とすれば,

$$Py_c = \int \rho g y^2 b(y) dy \tag{2.17}$$

となる。よって,式 (2.16) と式 (2.17) より

$$y_c = \frac{1}{y_G A} \int y^2 b(y) dy \tag{2.18}$$

となり,圧力の中心の位置 y_c は,重心位置 y_G よりも深い位置になる。

2.5.2 傾斜している平面に働く力

図 2.8 に示す傾斜平面の片側に働く**全圧力**を求める。水面からの深さを z,平面の方向に測った水面からの距離を y とする。深さ z における圧力 p は,

$$p = \rho g z = \rho g y \sin\theta \tag{2.19}$$

である。これを式 (2.14) に代入すると,全圧力 P は次式となる。

$$P = \rho g \sin\theta \int y b(y) dy \tag{2.20}$$

これに,重心の性質,式 (2.15) を代入し,

$$P = \rho g y_G A \sin\theta = \rho g z_G A \tag{2.21}$$

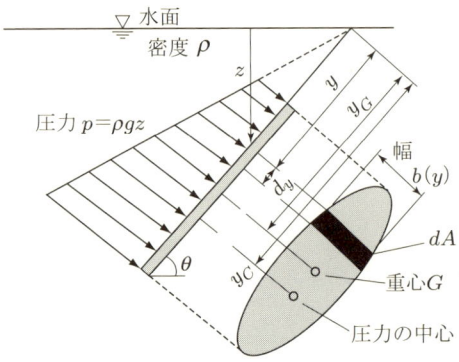

図 **2.8** 傾斜している平面に働く力

となり，鉛直な平面の場合と同様に，重心位置における圧力 ($\rho g z_G$) に面積 A をかけた値となる．

圧力の中心 y_c を求めるためモーメントのつり合い式をたてる．

$$Py_c = \int \rho g y^2 \sin\theta \cdot b(y) dy \tag{2.22}$$

よって，式 (2.21) と式 (2.22) より

$$y_c = \frac{1}{y_G A} \int b(y) y^2 dy \tag{2.23}$$

となり，鉛直な平面の場合と同じ位置となる．

2.6 浮 力

静水中に物体があると**浮力**が作用する．アルキメデスの原理によれば，浮力は物体が排除した流体の重量に等しい．静水中にある物体は周囲から静水圧を受ける．図 2.9 に示すように，水平方向の力は打ち消しあうので，合力は鉛直上方に働く．これを**浮力**という．

図 2.9 のように密度 ρ の静水中に立方体を考える．水平方向に流体から受ける圧力は左右つり合っている．鉛直方向については，立方体の上面の面積 A に作用する力 P_1 は大気圧を無視すると

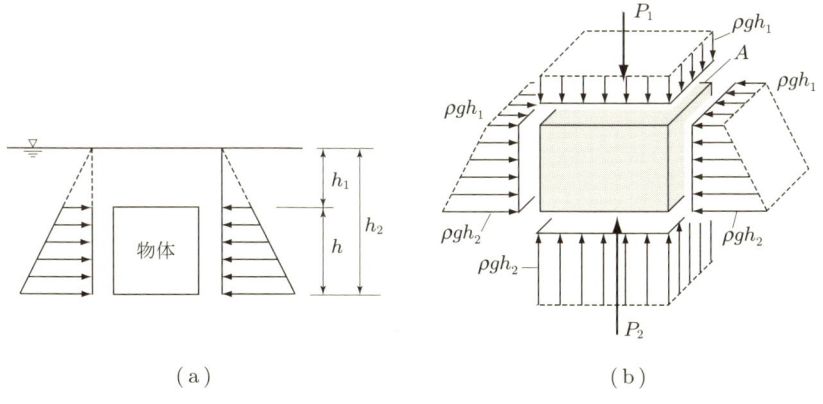

図 2.9　水中の物体に作用する力

16　第 2 章　静水の力学

$$P_1 = \rho g h_1 A \tag{2.24}$$

となり，下面の受ける力 P_2 は

$$P_2 = \rho g h_2 A \tag{2.25}$$

となる．

したがって，物体の全表面の受ける圧力の合力，すなわち浮力は，流体中にある物体の体積を V とすると次式で表される．

$$P = P_2 - P_1 = \rho g (h_2 - h_1) A = \rho g h A = \rho g V \tag{2.26}$$

上式より，流体中の物体は，物体が排除した流体の重さに等しい浮力を受ける．これをアルキメデスの原理という．また，排除した液体の重心を**浮力の中心**といい，浮力の作用点である．

演 習 問 題 2

(1) 海洋において海底 1000 m における圧力の強さを SI 単位系と重力単位系で表せ．ここで，海水の比重 1.025 とする．
(2) 問図 2.1 のような差圧マノメータにおいて水銀柱が図のようになった．このときの差圧 $P_a - P_b$ を求めよ．ここで，$H_1 = 120\,\mathrm{mm}$, $H_2 = 800\,\mathrm{mm}$, $H_3 = 1200\,\mathrm{mm}$, 水の密度 $\rho_0 = 1000\,\mathrm{kg/m^3}$, 水銀の比重 $\gamma = 13.6$ とする．

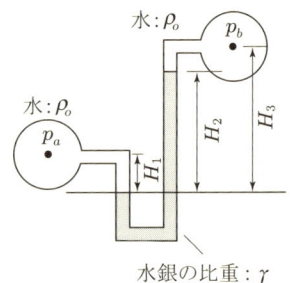

問図 **2.1**

(3) 水圧器が問図 2.2 のような状態でつり合うとき，P_1 はいくらか．ただし，水圧

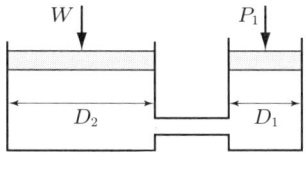

問図 2.2

器のピストンの直径を $D_1 = 5\,\text{cm}$, $D_2 = 30\,\text{cm}$, 荷重 $W = 60.0\,\text{kN}$ とし，ふたの自重は無視する．

(4) 問図 2.3 のように細い管で結ばれたピストン管がある．管内に比重 $\gamma = 0.7$ の油が入っている場合，B の力 W_b はいくらか．ここで，A の直径 $D_a = 2\,\text{cm}$, B の直径 $D_b = 30\,\text{cm}$, A の力 $W_a = 900\,\text{N}$, $H_a = 20\,\text{cm}$, $H_b = 4\,\text{m}$, 水の密度 $\rho_o = 1000\,\text{kg/m}^3$ とする．

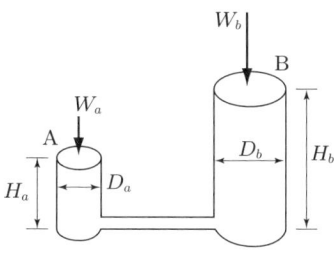

問図 2.3

(5) 問図 2.4 のようなゲート幅 $1\,\text{m}$ にかかる全圧力 P とその作用点までの深さ h_c を求めよ．ここで水の密度 $\rho = 1000\,\text{kg/m}^3$ とする．

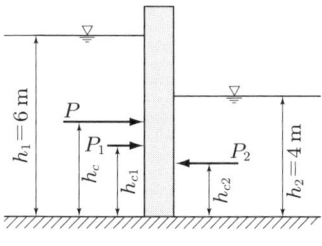

問図 2.4

(6) 問図 2.5 のように水路をせき止めている．扉 BC は C 点をヒンジとして B 点で止められている．B 点で必要な単位幅（1 m）当たりの力 P を求めよ．ここで水の密度 $\rho = 1000\,\text{kg/m}^3$, $h_1 = 2\,\text{m}$, $h_2 = 1\,\text{m}$, $h_3 = 0.5\,\text{m}$ とする．

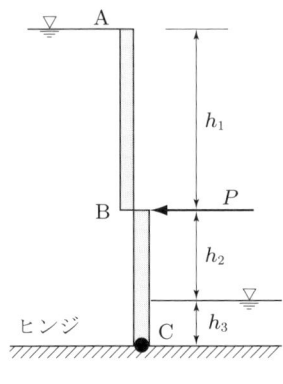

問図 2.5

(7) 海水面上に体積を $1000\,\text{m}^3$ だけ出して浮かんでいる氷山がある．氷山の比重 0.92, 海水の比重を 1.025 とすると，この氷山全体の体積を求めよ．

(8) 問図 2.6 のような比重が $\gamma 1 = 0.5$ と $\gamma 2 = 0.8$ でできている角柱を水に浮かべたときの吃水 h を求めよ．ここで，$H_1 = H_2 = 1\,\text{m}$, $B = 2\,\text{m}$, $L = 4\,\text{m}$, 水の密度 $\rho = 1000\,\text{kg/m}^3$ とする．

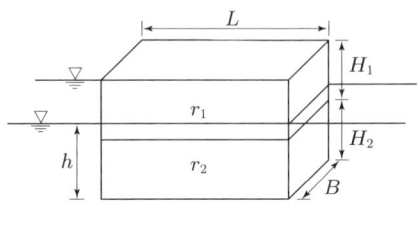

問図 2.6

3. 水の運動

これまでは，静止した水について述べてきたが，本章では運動している水について，力学的に扱うための準備を行う．まず，流れを記述する物理量の定義から流れの表し方を学ぶ．次に，流れにはどのような種類があるのか例をあげて説明する．

> 🚩 **目標**
> 流れについての法則と流れの種類を区別できること．
> 層流と乱流の区別を明確化すること．

3.1 流速と流量

水の流れの速さ，つまり単位時間に流れる距離を**流速** v といい，流れの方向に垂直に切った横断面積 A を**流積**，単位時間内に流れる水の容積を**流量** Q という．そして，これらの間には，

$$Q = vA \Rightarrow v = \frac{Q}{A} \tag{3.1}$$

[流量] = [流速] × [流積]

の関係がある．単位としては，流速は m/s，cm/s，流積は m^2，cm^2，流量は m^3/s，cm^3/s が用いられる．

流体の速度は単位時間当たりの移動距離である．この場合，方向も考えるのでベクトルとなる．速さあるいは流速の大きさを考えるときは，スカラとなる．速度，速さとも単位は [m/s] である．実際の水の流れは，水路の壁と水との間，水と水との間の摩擦力が働くため，断面の各部分の流速は異なっている．しかし，このような変化を厳密に考慮することは非常に複雑になるので，一般には取り扱いを簡単にするために式 (3.1) で示したように，ある断面を流れる流量を流積で割った平均の流速を考えることにしている．このような流速を**平均流速**という．とくに断らない限り，流速といえば平均流速のことをいう．

3.2 流線,流跡

　流体の流れを表す線に流線,流跡がある.流れの可視化によって得られた線がいずれの線であるのかを知ることは重要である.

　水の流れは水粒子の運動である.この水粒子の運動した経路を**流跡線**という.また,運動している水粒子は速度(ベクトルで,大きさと方向をもっている)を有しているが,ある瞬間における各水粒子の速度(ベクトル)は流れの中に無数に存在する.これらの流速の方向に接線を引いてできる曲線を**流線**という.流線の可視化を試みるには,流れの中に小さい粒子を多数ランダムに分布させ,露出時間を短くして写真撮影をする.それぞれの粒子は短い線分として写り,これらの線分に接するような曲線を描けば流線になる.

　流線はその瞬間における速度ベクトルの包絡線であるので,それぞれの点において速度ベクトルと流線の方向は一致する.いま,速度ベクトルを $\boldsymbol{v}=(u,v,w)$,流線の微小な切片を (dx,dy,dz) とすれば

$$\frac{dx}{u}=\frac{dy}{v}=\frac{dz}{w} \tag{3.2}$$

が成り立つ.

　次に,ある瞬間に水の流れを横切って一つの閉じた曲線を考え,この曲線上の各点を通る流線を描くと図 3.1 のように流線で囲まれた管ができる.これを**流管**という.

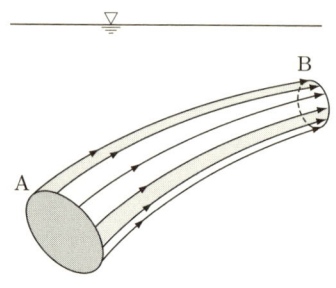

図 3.1　流　管

3.3 粘性流体と非粘性流体

まず，流体の粘性に着目して流体を分類する．実在する流体は粘性の影響の大小により，以下のように分類される．
- ■粘性流体－粘性を考慮する必要がある流体
- ■非粘性流体－粘性を無視できる流体

物体や壁から十分に離れた所では粘性の影響は小さく，非粘性流体と近似することができる．同じ流体でも壁付近では粘性流体として扱う場合がある．

3.4 圧縮性流体と非圧縮性流体

一般に流体に作用する圧力が増大すると流体は圧縮され，その体積は減少する．このような流体の性質を**圧縮性**といい，液体よりも気体の方が圧縮性は著しい．圧縮されやすい気体は**圧縮性流体**といい，これに対して圧縮されにくい液体は，一般に**非圧縮性流体**と呼ばれている．

3.5 理想流体と実在流体

粘性および圧縮性のない流体を**理想流体**という．理想流体では粘性がないためエネルギー損失や抵抗力が存在せず，実在する流体と矛盾する点もある．壁付近の流れを理想流体と実在する流体とで比較すると図3.2のようになる．

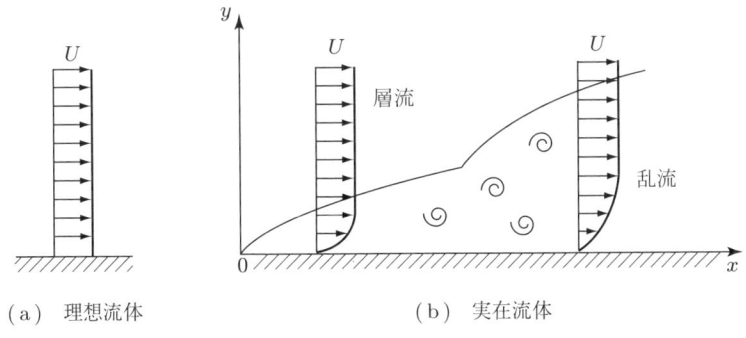

図 **3.2** 壁付近の流れ

理想流体ではせん断応力を受けず、壁面上でも流体は流れている（図3.2(a)）．一方，実在する流体では粘性の影響により壁面上で速度が0になり，壁面付近に速度の遅い境界層ができる（図3.2(b)）．しかし，境界層の外側の主流領域では粘性の影響が小さく，理想流体として近似できる．境界層は通常薄い層であるので，流れ場の大部分は理想流体とみなすことができ，解析が非常に容易になる．理想流体のことを**完全流体**とも呼ぶ．

3.6 定常流と非定常流

定常流とは時間によって変化しない流れである．人工水路の流れはこれに属する．一方，**非定常流**とは時間とともに変化する流れである．振動流がその例としてあげられる．振動流とは，水面の波や血液の流れのように速度と圧力が周期的に変化する流れである．洪水時の河川，潮の干満の影響を受ける河川の流れは非定常流に属する．

3.7 層流と乱流

流れには**層流**と**乱流**という二つの状態があり，1880年頃レイノルズ（O.Reynolds）は流れが層流になるか乱流になるかは**レイノルズ数**（Re）という無次元量によって整理されることを実験的に発見した．

レイノルズは円管内に水を流し，その中央に着色液を注入して広がりを調べた．図3.3(a)は流速が小さい場合であり，着色液はほとんど混合されずほぼ一本の線で流れ，層流と呼ばれている．図3.3(b)は流速が大きい場合であり，着色液は管全体に広がり，乱流と呼ばれている．乱流では，大小不規則な渦によって各点の速度は常に変動し，管軸に垂直な方向の速度変動も存在する．この速度変動によって着色液の拡散が行われる．一方，層流では速度変動はなく，流れは管軸に平行に進んでいく．

レイノルズは，様々な条件の下で実験した結果，次のレイノルズ数 Re によって層流と乱流を整理できることを発見した．

$$Re = \frac{vd}{\nu} \tag{3.3}$$

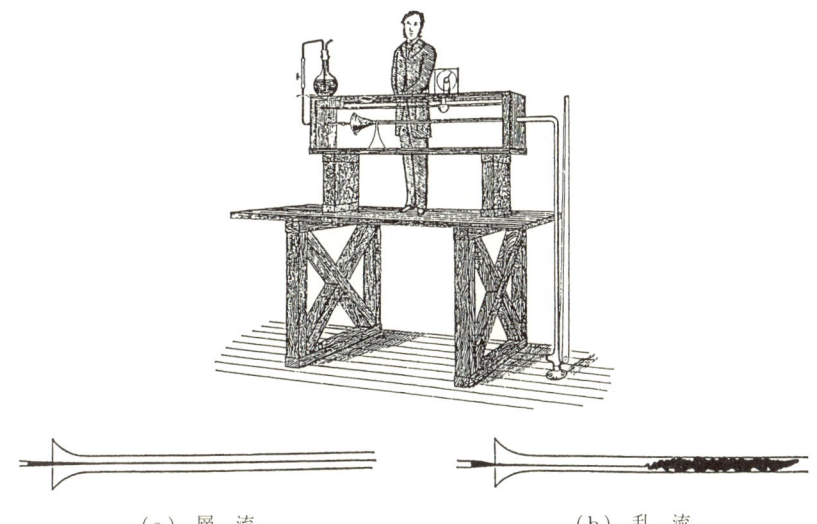

(a) 層流　　　　　　　　(b) 乱流

出典：Wien, W. und Harms, F., Handbuch der Experimental Physik, IV, 4 Teil, Akademische Verlagsgesellschaft, (1932), 127.

図 **3.3** レイノルズの実験

ここで，v は断面平均流速（＝流量／断面積），d は管の内径，ν は流体の動粘性係数であり，レイノルズ数 Re は無次元量となる．円管内の流れの場合，レイノルズ数がおよそ 2300 以下のとき，流れは必ず層流になり，およそ 2300 以上のときにはほとんど乱流になる．層流から乱流へと遷移を始める 2300 を**限界レイノルズ数** Re_c といい，流路の形によってその値は異なったものとなる．

演習問題 3

(1) 内径 50 mm の円管内を 20 ℃，1 気圧の水が流れている．流れを層流にするための断面平均流速の条件を求めよ．ただし，限界レイノルズ数；$Re_c = 2300$，水の動粘性係数を 1.004×10^{-6} m^2/s とする．

(2) 問図 3.1 のように平板間の速度分布が $u = u_{max}(a^2 - y^2)/a^2$ で表される場合を考える．$u_{max} = 50$ cm/s，粘性係数 $\mu = 1.002 \times 10^{-3}$ (N/m$^2 \cdot$ s)，平板間の間隔を 5 cm とした場合の板に作用するせん断力 τ_0 を求めよ．

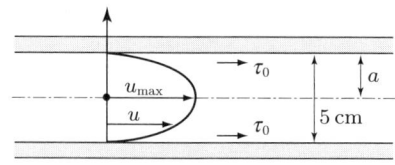

問図 3.1

(3) 円管内の流れを考える．円管の内径が D，圧力勾配を $\dfrac{dp}{dx}$ とし，一定とする．流れが層流であるとき，円管内を流れる流量 Q は次式で示される．

$$Q = -\frac{dp}{dx}\frac{\pi D^4}{128\mu} \qquad (\mu：粘性係数)$$

流量を 2 倍にするには管の内径をいくらにすればよいか．

(4) 直径 $d = 25\,\mathrm{cm}$ の円管中に水を層流状態で流しうる最大流量 $Q_{\max}$ を求めなさい．ただし，流れが層流から乱流へ遷移する限界レイノルズ数は $Re_c = 2000$ とし，また水の動粘性係数 ν は $\nu = 0.01\,\mathrm{cm^2/s}$ とする．

4. 一次元流れ

　一般の流れは三次元的であるが，これを一次元で考えてよい場合もある．たとえば，管内の流れを考えるとき，平均速度で考えれば，一次元の流れとなって取り扱いが簡単になる．

　本章では，流れを取り扱う上で重要な三つの基本定理，すなわち，連続の式，ベルヌーイの定理，運動量の法則について述べる．連続の式は質量保存則，ベルヌーイの式はエネルギー保存則からそれぞれ導かれる．

> **🏁 目標**
> ベルヌーイの定理と運動量保存則を理解でき，使えるようにする．

4.1 連続の式

　図 4.1 のように，流れを定常と仮定し，流管の一部分①〜②を取り出して，その断面と流速の関係を調べる．流管の管軸方向に垂直な断面①，②の断面積を A_1, A_2 とし，断面①，②における流速および密度をそれぞれ v_1, v_2 および ρ_1, ρ_2 とすると，断面①から δt 時間に入ってくる流体の質量は $\rho_1 A_1 v_1 \delta t$ で，断面②から δt 時間に出ていく流体の質量は $\rho_2 A_2 v_2 \delta t$ である．

　流れが定流で，流体は流管を横切って出入りすることはないので，質量保存の法則から，流管①，②内の質量は常に一定でなければならない．したがって，

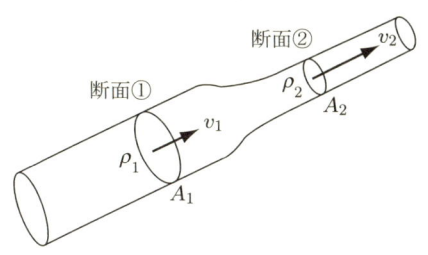

図 4.1　流れの連続性

単位時間に断面①から流入する質量と断面②から流出する質量とは相等しく，次式で表せる．

$$\rho_1 A_1 v_1 = \rho_2 A_2 v_2$$

ここで，断面①，②は任意の断面であるから，流管のどの部分においても成立し

$$\rho A v = \text{const.}$$

となる．流体が非圧縮性とみなすことができれば，ρ は一定（const.）であるから

$$Av = \text{const.} = Q$$

となる．ここに，Q は流量でこの関係式を**連続の式**という．

4.2 ベルヌーイの定理

いま，静止の状態にある質点 m の物体を高い所から落とすと，物体は落下運動をする．静止の状態にあった物体は位置のエネルギー（mgh）をもっており，落下運動にともなって位置のエネルギーを失いながら等量の運動エネルギー $\left(\dfrac{1}{2}mv^2\right)$ が増す．この両者を加えるとどの場所でもエネルギーが同じである．これを**エネルギー保存の法則**という．

さて，高さをもった水，速度をもった水，圧力をもった水は仕事をする能力をもっている．つまりエネルギーを保持している．

いま，図4.2のような一つの流管を考え，二つの任意断面①，②をとり，この断面の断面積を a_1, a_2，流速を v_1, v_2，圧力を p_1, p_2，任意に取った基準面からの高さを z_1, z_2，水の密度を ρ とすると，エネルギー保存の法則から，断面①を流入するときにもっているエネルギーは，断面②を流出するときにもっているエネルギーに等しい．

断面①，②間の水塊は水圧 p による仕事量（圧力×距離）の結果，断面①′，

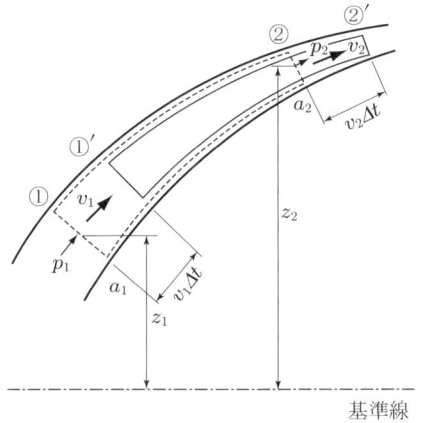

図 4.2 ベルヌーイの定理

②′へ移動したものと考える.

微小時間 Δt の間になされた断面①および断面②でのエネルギーは次のようになる.

$$\Delta t \text{ の間に断面①に流入する水の質量} = \rho a_1 v_1 \Delta t = \rho Q \Delta t$$

$$\Delta t \text{ の間に断面②から流出する水の質量} = \rho a_2 v_2 \Delta t = \rho Q \Delta t$$

ここで,Q はこの流管内を流れる流量を示す.このとき,運動エネルギー,位置エネルギー,圧力のエネルギーの変化は表 4.1 のようになる.

表 4.1

	エネルギーの変化量
運動のエネルギー $1/2 \times$(質量)$\times$(速度)^2	$\dfrac{1}{2}\rho Q(v_2{}^2 - v_1{}^2)\Delta t$
位置のエネルギー (質量)$\times g \times$(高さ)	$\rho g Q(z_2 - z_1)\Delta t$
圧力による仕事量 (圧力)$\times$(距離)	$(p_1 a_1) \times v_1 \Delta t - (p_2 a_2) \times v_2 \Delta t$

これら三つのエネルギーがつり合うことから次の関係が成立する.

運動エネルギーの変化量＋位置エネルギーの変化量＝圧力による仕事量

表 4.1 から次式が求まる．

$$\frac{1}{2}\rho Q(v_2^2 - v_1^2)\Delta t + \rho g Q(z_2 - z_1)\Delta t = (p_1 a_1 v_1 - p_2 a_2 v_2)\Delta t$$

ここで，連続の式から，$a_1 v_1 = a_2 v_2 = Q$ であり，$\rho g = w$（水の単位体積重量）であるから，これを代入して上式を整理すると，

$$\frac{v_1^2}{2g} + z_1 + \frac{p_1}{w} = \frac{v_2^2}{2g} + z_2 + \frac{p_2}{w} \tag{4.1}$$

となる．断面①，②は任意に選んだので，上式は流管に沿ってどの断面にも成立するから，次のように書くことができる．

$$\frac{v^2}{2g} + z + \frac{p}{w} = \text{const.} = H \tag{4.2}$$

このような関係を定常流におけるベルヌーイ（**Bernoulli**）の定理といい，式 (4.1), (4.2) をベルヌーイの式という．ベルヌーイの式におけるそれぞれの項の単位は長さの単位（m）になるから，各項とも高さで表現することができる．ここで，$v^2/2g$ を**速度水頭**，z を**位置水頭**，p/w を**圧力水頭**と呼び，各水頭の総和 H を**全水頭**という．

4.3 運動量の法則

ホースで水を勢いよく壁にあてると，壁は水から力を受ける．また，ジェットエンジンのように，後方に勢いよく流体を吹き出すとその反作用として推進力を生じる．このときの流れと力の関係は運動量の法則によって説明できる．けっきょく，ニュートン（Newton）の運動法則に従って，流体の運動量変化は流体に働く力に等しくなる．本節では，運動量の法則について述べ，さらにこの法則を使っていくつかの応用例を紹介する．

4.3.1 運 動 量

質量 m の物体が速度 v で運動しているとき，m と v の積 mv を**運動量**という．ニュートンの運動の第二法則は

物体に作用する力 $(F) =$ 質量 $(m) \times$ 加速度 (α)

で表される．力 F は運動量 mv を用いて表すことができる．数式で表すと

$$F = \frac{d(mv)}{dt} \tag{4.3}$$

である．この式を差分形式で表現すると

$$F = \frac{m_2 v_2 - m_1 v_1}{\Delta t} \tag{4.4}$$

となる．式 (4.4) は $m_1 v_1$ の運動量をもっている物体が移動して Δt 時間後に $m_2 v_2$ の運動量をもったとすると，この物体に働いた力が F であることを示している．式 (4.3) から，「物体に作用する力は，その物体のもつ運動量の単位時間当たりの変化に等しい」といえる．これを**運動量の法則**という．

質量 $m =$ 密度 $\rho \times$ 体積 V であるので

$$\frac{m}{\Delta t} = \rho Q \tag{4.5}$$

で表すことができる．密度が一定のとき，運動量の時間変化は次式で示される．

$$F = \rho Q_2 v_2 - \rho Q_1 v_1$$

流量が一定で定常流れの場合は

$$F = \rho Q (v_2 - v_1) \tag{4.6}$$

となる．

次に，流れが二次元（x および y 方向の成分）の場合を考える．x，y 方向の流速および力の成分をそれぞれ u および Fx，v および Fy とする．運動量の法則を，x，y 方向それぞれに対して適用すると，

$$\left. \begin{aligned} Fx &= \rho Q (u_2 - u_1) \\ Fy &= \rho Q (v_2 - v_1) \end{aligned} \right\} \tag{4.7}$$

となる．

4.4 運動量の式の応用

運動量の式は，流体が物体に及ぼす力を考える場合，有効である．

4.4.1 静止平面に働く噴流の力

図 4.3 のように壁面に垂直に速度 v，流量 Q の水流が衝突し，上下方向に分岐して流れるとき，運動量の式により水流が平板に作用する力を求める．

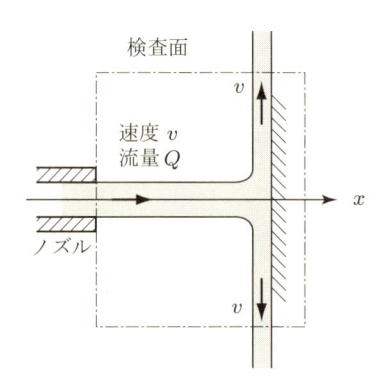

図 4.3 静止平面にあたる噴流

検査面と座標を図 4.3 のようにとると，平板に働く力は x 軸方向になるので，x 方向の運動量について考える．平板へ作用する x 方向の力は F_x であり，流体はその反力 $-F_x$ を受ける．したがって，x 方向の運動量の式は

$$-F_x = \rho Q(0 - v)$$

となる．平板に働く力は

$$F_x = \rho Q v \tag{4.8}$$

となる．

4.4.2 傾斜平面に働く噴流の力

図 4.4 のように速度 v の噴流に対して角度 θ で平板が置かれている.流量 Q は Q_1 と Q_2 に分かれて流出している.運動量の法則から,平板に働く力と流量配分が求められる.

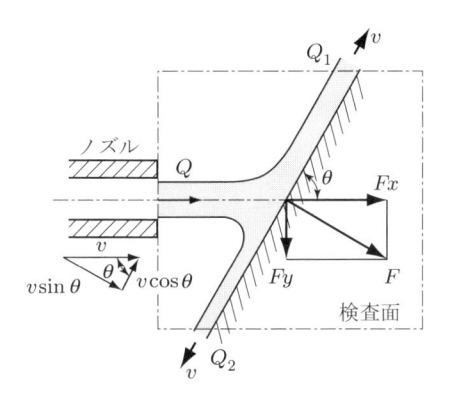

図 4.4 傾斜平面にあたる噴流

壁面に直角な方向の運動量方程式は

$$-F = 0 - \rho Q v \sin\theta$$

水流が平板に及ぼす力は次のようになる.

$$F = \rho Q v \sin\theta \tag{4.9}$$

次に,平板に沿って流れる流量は Q_1, Q_2 に分かれる.この場合,流れの損失を無視すると平板に沿う力は働かないから,平板に沿う方向に運動量の式を適用すると,

$$\left.\begin{aligned}\rho Q_1 v - \rho Q_2 v &= \rho Q v \cos\theta \\ Q\cos\theta &= Q_1 - Q_2\end{aligned}\right\} \tag{4.10}$$

を得る.連続の式 $Q = Q_1 + Q_2$ を用いて,Q_1 および Q_2 を求めると以下のようになる.

$$Q_1 = (1+\cos\theta)Q/2$$
$$Q_2 = (1-\cos\theta)Q/2 \tag{4.11}$$

演習問題 4

(1) 問図 4.1 に示すような管径 D_a から D_b に縮小する管路がある．流量 Q，流速 V_b，圧力 p_b を求めよ．ここで，$D_a = 600\,\mathrm{mm}$，$D_b = 300\,\mathrm{mm}$，$V_a = 1.5\,\mathrm{m/sec}$，$p_a = 20\,\mathrm{kPa}$，水の密度 $\rho = 1000\,\mathrm{kg/m^3}$ とし，管内の損失水頭は無視する．

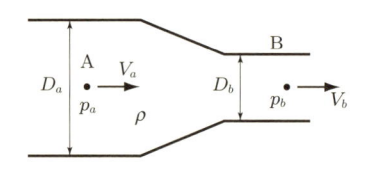

問図 4.1

(2) 問図 4.2 のようなオリフィスから水が流出している．
　①流出量 Q を求める式をベルヌーイ式を用いて導け．
　②水深 $h = 40\,\mathrm{cm}$，オリフィスの直径 $D = 6\,\mathrm{cm}$，流出係数 $C = 0.6$ のときの流出量 Q を求めよ．

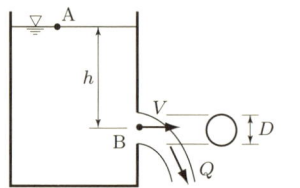

問図 4.2

(3) 問図 4.3 のように直径 $D = 10\,\mathrm{cm}$ の管路にピトー管と静水圧を測るための液柱計を立てたら水位差 $h = 5\,\mathrm{cm}$ を得た．管路を流れる水の流速 V を求めよ．水の密度 $\rho = 1000\,\mathrm{kg/m^3}$ とする．

(4) 問図 4.4 のようなベンチュリー管で水頭差 h のときの流量 Q を求める式を導け．そして，$h = 900\,\mathrm{mm}$，$D_1 = 400\,\mathrm{mm}$，$D_2 = 200\,\mathrm{mm}$，水の密度 $\rho = 1000\,\mathrm{kg/m^3}$ としたときの流量を求めよ．

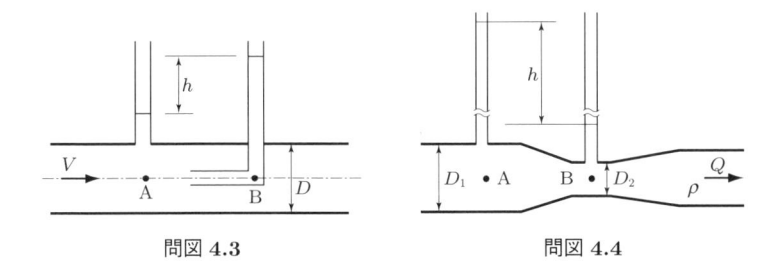

問図 4.3　　　　　　　　問図 4.4

(5) 問図 4.5 のように内径 $d = 4\,\mathrm{cm}$ のノズルから流速 $V = 4.0\,\mathrm{m/s}$ で流出している噴流が直角で鉛直に置いた板に衝突している．水の密度 $\rho = 1000\,\mathrm{kg/m^3}$ としたとき，板に働く力 F を求めよ．

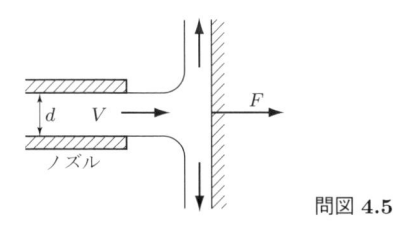

問図 4.5

(6) 問図 4.6 のようにノズルから出る噴流（流速 $V = 5\,\mathrm{m/s}$，流量 $Q = 1 \times 10^4\,\mathrm{cm^3/s}$）に対して $\theta = 60°$ の角度をもたせて鉛直においた板がある．水の単位重量 $w_o = 1000\,\mathrm{kgf/m^3}$ としたとき，板に働く力 F を求めよ．

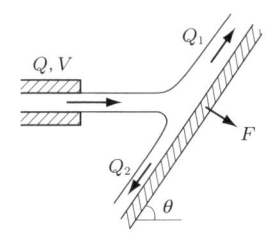

問図 4.6

5. 流れの運動の基礎方程式

水理学の分野での様々な現象を解析するための方程式として，連続の式と運動方程式がよく使用される．本章では，二次元流れについて，粘性力を考慮しない場合，運動方程式がどのように記述されるか説明する．これらは水理学の応用を学ぶときに非常に重要となる．

> 🚩 目標
> 流れの運動方程式と連続の式を理解する．

5.1 運動方程式

5.1.1 流体粒子の加速度

いま，図 5.1 のような一次元流れについて考える．時刻 t に位置 s にある流体粒子が，微小時間 Δt の間に位置 $s + \Delta s$ に移動し，速度は $V(s,t)$ から $V(s+\Delta s,\ t+\Delta t)$ に変化したとする．

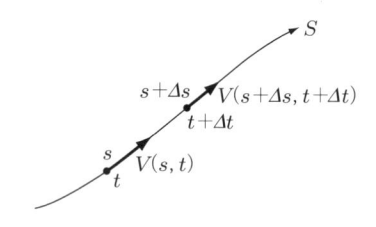

図 **5.1** 流体粒子の動き

速度の変化量 ΔV は，Δt が微小であることからテーラー展開を用いれば，

$$\Delta V = V(s+\Delta s,\ t+\Delta t) - V(s,t)$$
$$= V(s,t) + \frac{\partial V}{\partial t}\Delta t + \frac{\partial V}{\partial s}\Delta s + O\left\{(\Delta t)^2\right\} - V(s,t)$$
$$= \frac{\partial V}{\partial t}\Delta t + \frac{\partial V}{\partial s}\Delta s + O\left\{(\Delta t)^2\right\}$$

と表される．ここで $O\{(\Delta t)^2\}$ は $(\Delta t)^2$ 以上の微小項を表す．したがって，時刻 t における流体粒子の加速度 α は

$$\alpha = \lim_{\Delta t \to 0} \frac{\Delta V}{\Delta t} = \frac{\partial V}{\partial t} + V\frac{\partial V}{\partial s} \tag{5.1}$$

となる．ここで，$\Delta s = V\Delta t$ を用いた．

5.1.2 ニュートンの運動法則

流体に力が働けば，その流体は加速度運動をする．この関係を示したのがニュートンの運動の法則である．

ニュートンの運動法則

第一法則　「外部から力を受けなければ，物体は静止するか等速運動をする」

第二法則　「物体に力が働くと加速度が生ずる，質量を M，加速度を α，力を F とすると，

$$F = Ma$$

である」

第三法則　「二つの物体が直接互いに及ぼし合う力（作用と反作用）は，同一直線上で大きさが等しく向きが逆である」

図 5.2 に示すような dx，dy，奥行が単位厚さの各辺をもつ二次元の微小流体要素を考える．非粘性流体の場合は，この要素に働く外力としては，考えている面積に直角に作用する圧力と単位質量当たりに作用する質量力 (X, Y, Z) である．

面 ABCD に作用する圧力を p とすると，dx だけ離れた面 EFGH に作用する圧力は $p + (\partial p/\partial x)dx$ となる．x 方向に作用する圧力の合力は

$$pdy - \left(p + \frac{\partial p}{\partial x}dx\right)dy = -\frac{\partial p}{\partial x}dxdy \tag{5.2}$$

となり，y 方向についても同様にして

36　第5章　流れの運動の基礎方程式

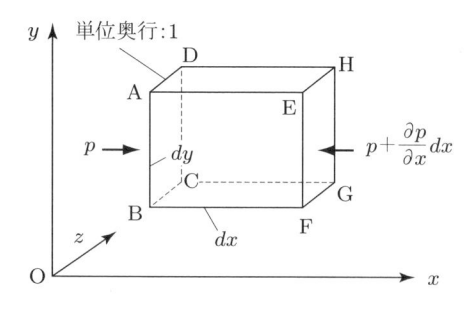

図 5.2 微小流体要素

$$-\frac{\partial p}{\partial y}dxdy \tag{5.3}$$

となる．

一方，質量力については

$$\left.\begin{array}{l} \rho X\,dxdy \\ \rho Y\,dxdy \end{array}\right\} \tag{5.4}$$

である．

結局，x 方向の運動方程式は，ニュートンの運動方程式を適用して ($F=m\alpha$)，

$$\rho dxdy\frac{Du}{Dt}=-\frac{\partial p}{\partial x}dxdy+\rho X dxdy$$

となる．ここに

$$\frac{Du}{Dt}=\frac{\partial u}{\partial t}+u\frac{\partial u}{\partial x}+v\frac{\partial u}{\partial y}$$

である．

$\rho dxdy$ で両辺を割れば x 方向の運動方程式が得られる．x, y 方向成分をまとめると

$$\left.\begin{array}{l} \dfrac{\partial u}{\partial t}+u\dfrac{\partial u}{\partial x}+v\dfrac{\partial u}{\partial y}=X-\dfrac{1}{\rho}\dfrac{\partial p}{\partial x} \\[2mm] \dfrac{\partial v}{\partial t}+u\dfrac{\partial v}{\partial x}+v\dfrac{\partial v}{\partial y}=Y-\dfrac{1}{\rho}\dfrac{\partial p}{\partial y} \end{array}\right\} \tag{5.5}$$

となる.

式 (5.5) を二次元の**オイラーの運動方程式**という.

三次元流れでは式 (5.6) のようになる.

$$\left.\begin{aligned}\frac{\partial u}{\partial t}+u\frac{\partial u}{\partial x}+v\frac{\partial u}{\partial y}+w\frac{\partial u}{\partial z}=X-\frac{1}{\rho}\frac{\partial p}{\partial x}\\\frac{\partial v}{\partial t}+u\frac{\partial v}{\partial x}+v\frac{\partial v}{\partial y}+w\frac{\partial v}{\partial z}=Y-\frac{1}{\rho}\frac{\partial p}{\partial y}\\\frac{\partial w}{\partial t}+u\frac{\partial w}{\partial x}+v\frac{\partial w}{\partial y}+w\frac{\partial w}{\partial z}=Z-\frac{1}{\rho}\frac{\partial p}{\partial z}\end{aligned}\right\} \quad (5.6)$$

5.2 連 続 の 式

二次元流れを考える.図 5.3 のような x 軸,y 軸方向の各辺の長さが dx,dy で単位奥行長さの微小長方形要素を考える.x 軸,y 軸方向の各流速を u,v とする.x 軸方向に関して,単位時間に微小要素内の質量が増加する割合は,長さ dy の辺から入ってくる質量 $\rho u dy$ から,反対側の辺から出ていく質量 $\{\rho u + (\partial(\rho u)/\partial x)dx\}dy$ を差し引いた量である.つまり

$$\rho u dy - \left\{\rho u + \frac{\partial(\rho u)}{\partial x}dx\right\}dy = -\frac{\partial(\rho u)}{\partial x}dxdy$$

となる.同様に,y 軸方向については単位時間当たり

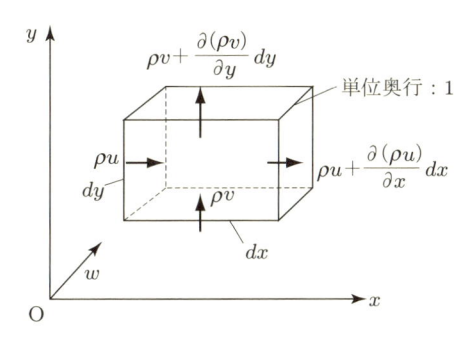

図 5.3 微小長方形要素

$$-\frac{\partial(\rho v)}{\partial y}dxdy$$

だけの量が流入し，質量が増加する．減少する場合は負の質量が増加すると考える．結局，単位時間に微小要素内の質量が増加する割合は，x，y 両方とも

$$-\left\{\frac{\partial(\rho u)}{\partial x}+\frac{\partial(\rho v)}{\partial y}\right\}dxdy$$

となる．

一方，微小要素内の流体質量 $\rho dxdy$ は単位時間に $\partial(\rho dxdy)/\partial t$ だけ増加するから，両者は等しく次式が成り立つ．

$$-\left\{\frac{\partial(\rho u)}{\partial x}+\frac{\partial(\rho v)}{\partial y}\right\}dxdy=\frac{\partial\rho}{\partial t}dxdy$$

整理すると，式 (5.7) のようになる．

$$\frac{\partial\rho}{\partial t}+\frac{\partial(\rho u)}{\partial x}+\frac{\partial(\rho v)}{\partial y}=0 \tag{5.7}$$

式 (5.7) を連続の式という．定常流れでは式 (5.7) の第 1 項が 0 となる．三次元流れの連続の式は，z 方向の流速を w と表すと，式 (5.8) のようになる．

$$\frac{\partial\rho}{\partial t}+\frac{\partial(\rho u)}{\partial x}+\frac{\partial(\rho v)}{\partial y}+\frac{\partial(\rho w)}{\partial z}=0 \tag{5.8}$$

一方，非圧縮性流体の場合は，$\rho=\mathrm{const.}$ であるから式 (5.7) は

$$\frac{\partial u}{\partial x}+\frac{\partial v}{\partial y}=0 \tag{5.9}$$

となる．非圧縮性流体ならば非定常流れであっても時間微分項は含まれない．連続の式は粘性の有無には関係しないから，式 (5.8) または式 (5.9) は粘性流体にも適用できる．

演習問題 5

(1) 式 (5.6) を静止流体へ適用したとき，圧力 p が静水圧分布となることを示せ．

(2) 非圧縮性流体の二次元流れにおいて，x 方向の速度 u が $u = \dfrac{Ay}{x^2+y^2}$ で表されるとき，y 方向の速度 v を求めよ．ただし，A は定数，$y=0$ のとき，$v = -A/x$ とする．

(3) 二次元流れの速度の x，y 成分が $u = Ax$，$v = -Ay$ で表わされるとき，流線の式を求めよ．ただし，A は定数である．

(4) x を水平方向としたとき，流体の x 方向の加速度が $\dfrac{Du}{Dt} = 1.0\,\mathrm{m/s^2}$ のとき，圧力こう配を求めよ．ただし，水の単位重量 $w = 1000\,\mathrm{kgf/m^3}$ とする．

(5) s を位置座標，t を時間とするときの，流体の速度 U が $U = 2s/t$ で与えられるときの加速度を求めよ．

6. 管路の流れ

　粘性をもった非圧縮性流体が管内を充満して流れる場合を考える．管で水を送った歴史は古く，遠くローマ帝国時代から（紀元前1世紀頃から），鉛管，粘土管が市中の給水系統に用いられていた．管内の流れはエネルギーの損失を受けるため，下流へ進むほど圧力は小さくなっていく．管内の流れのエネルギー損失とはどのようなもので，なぜ発生するのだろう．

　本章では，より実用的な観点から，平均流速を用いて損失を表す手法について述べる．特に，管内の流れの状態とエネルギー損失，および広がり管・狭まり管・曲がり管など様々な管路要素における流れについて学ぶ．

> 🚩 **目標**
> 種々の損失を伴う管水路の流れを計算できること．

6.1 管　路

　水理学でいう**管**とは，圧力をもった水が水道管のようにその中にいっぱいになって流れているものを指している．このような管で作られた水路が**管路**である．管の断面形は水圧による管の応力を小さくするために円形のものが多い．直径 D の円形管において，断面積を A とし，周辺の長さを S としたとき，$R = \dfrac{A}{S}$ で示される R を**動水半径**（あるいは**径深**ともいう）という．円形管では $A = \dfrac{\pi D^2}{4}$，$S = \pi D$ であるから

$$R = \frac{(\pi/4)D^2}{\pi D} = \frac{D}{4}$$

となる．実際の管路の流れには，水の粘性や運動の乱れによる摩擦抵抗がある．この抵抗にうち勝って流れるために，水はもっているエネルギーを消費する．このエネルギー損失を知ることは管路における基礎的な問題である．管路に生ずる**水頭損失** h，または**圧力損失** Δp について，以下 6.2 および 6.3 で説明する．

6.2 摩擦による損失

　管の中を水が流れるとき，管壁面上では，粘性の法則によって与えられるせん断応力 τ_0 が発生し，これが摩擦による圧力損失の原因となる．この損失水頭の大きさ h_f は，管路の長さ l に比例し，管の直径 d に反比例し，また水のもつエネルギー $\left(\text{流速水頭}\dfrac{v^2}{2g}\right)$ に比例すると考えられ

$$h_f = f \cdot \frac{l}{d}\frac{v^2}{2g} \tag{6.1}$$

で表される．ここに f は**摩擦損失係数**といわれる比例定数であり，レイノルズ数 Re の値 $\dfrac{vd}{\nu}$ や管の粗さによって変化する．また v は平均速度である．

　一般断面形の管水路や開水路の流れに対しても，次式のような抵抗則が成立する．

$$h_f = f'\frac{l}{R}\frac{v^2}{2g} \tag{6.2}$$

ここに，$R = A/S$ は径深，A は流水断面積，S は潤辺の長さである．

　式 (6.2) はダルシー－ワイズバッハの式という．式 (6.1) の f，式 (6.2) の f' は無次元量で摩擦損失係数という．

　円管の場合，$R = d/4$ より式 (6.1) と式 (6.2) と比較すると

$$f = 4f' \tag{6.3}$$

となる．f および f' の値はレイノルズ数 Re と壁面の粗度によって決まり，h_f の値を知るためには，f の値を求める必要がある．

　次に，定常流れを想定し，断面積 A，潤辺長 S の水平な長さ l の水塊が，流れによる摩擦力とつり合っている場合を考える（図 6.1）．

　図 6.1 では管水路が水平と傾き θ で設置してある．流れは一定の流速で，時間的にも場所的にも変化しない定常な等流状態とすると，水を流そうとする重力による力と管壁に働くせん断応力（摩擦力）がつり合っている場合を考える．

　長さ l の区間の管軸方向の力のつり合いから次式が得られる．

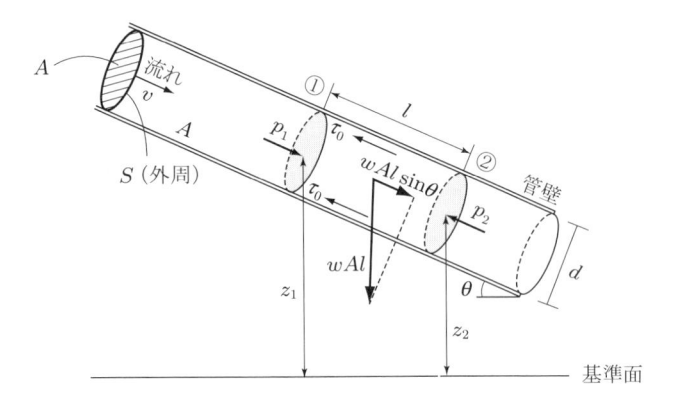

図 6.1 摩擦応力の算定図

$$(p_1 - p_2)A + wAl\sin\theta = \tau_0 S l \tag{6.4}$$

上式に $\sin\theta = \dfrac{z_1 - z_2}{l}$ を代入すると，壁面のせん断応力 τ_0 は次式のようになる．

$$\left.\begin{aligned}\tau_0 &= \frac{wA}{S}\left\{\left(\frac{p_1}{w}+z_1\right)-\left(\frac{p_2}{w}+z_2\right)\right\}\Big/l \\ &= \frac{wA}{S}\cdot\frac{h_f}{l}\end{aligned}\right\} \tag{6.5}$$

式 (6.1) を用いて

$$\tau_0 = \frac{f}{8}\rho v^2 \tag{6.6}$$

となるので，次式が得られる．

$$\sqrt{\frac{\tau_0}{\rho}} = u_* = \sqrt{\frac{f}{8}}\cdot v \tag{6.7}$$

f の値が Re 数に影響を受けない領域では，実用的な次のマニング（Manning）の式が用いられる．

$$v = \frac{1}{n}R^{2/3}i_f^{1/2} \tag{6.8}$$

ここで，n はマニングの粗度係数，$R = A/S$，i_f はエネルギー勾配である．一

様な管路の流れでは v が流れ方向に一定であるので，エネルギー勾配 i_f は動水勾配 i_h に等しい．また，損失として摩擦のみ考えるときは，エネルギー勾配は摩擦損失勾配に等しい．したがって，摩擦損失のみ考慮する場合は $i_f = \dfrac{h_f}{l}$ であるから式 (6.1) と (6.8) より

$$\frac{v^2 n^2}{R^{4/3}} = \frac{f}{d}\frac{v^2}{2g}$$

が求まるので，f または f' と n との間には

$$f = 4f' = \frac{8gn^2}{R^{1/3}} \tag{6.9}$$

が得られる．ここで，n は $\dfrac{\text{s}}{\text{m}^{\frac{1}{3}}}$ の単位をもち，無次元でない．マニングの粗度係数 n の値は，ガラス管では約 0.010，鋼管で約 0.012，滑らかなコンクリート管で約 0.013 である．水の流れにくい材質ほど n の値は大きくなる．

6.3 摩擦抵抗以外の水頭損失

6.2 節のエネルギー損失では摩擦だけを対象とした．しかし，実際の管ではその他にいろいろな原因でエネルギー損失が発生する．たとえば，管水路断面の拡大縮小，管の曲がり，分岐合流，弁があると壁から剥離し，渦領域が形成されて損失水頭を生じる．また，水槽から管へ，管から水槽へ流入しても損失水頭が生じる．これらのエネルギー損失は局所的なもので形状損失水頭と呼ばれる．これらの損失は，摩擦損失水頭を表示する式 (6.1) と同形式の次式で表される．

$$h_m = f_m \frac{v^2}{2g} \tag{6.10}$$

ここに，h_m は形状損失水頭，f_m は形状損失係数，v は基準流速であり，形状損失が生じる断面前後の平均流速のうち大きい値を使用する．形状損失係数の値は，急拡損失と流出損失を除いて理論的に求めることはできず，実験によっている．

第6章 管路の流れ

6.3.1 流入による損失水頭

管水路への流入部では流入する流線が実際の管の断面より剥離して渦を形成するために，エネルギー損失が生じる（図 6.2）．これを次式で表す．

$$h_i = f_i \frac{v^2}{2g} \tag{6.11}$$

ここで，f_i は損失係数であり，0 と 1 の間の値である．水槽から管への流入が滑らかな場合は 0.1 以下である．

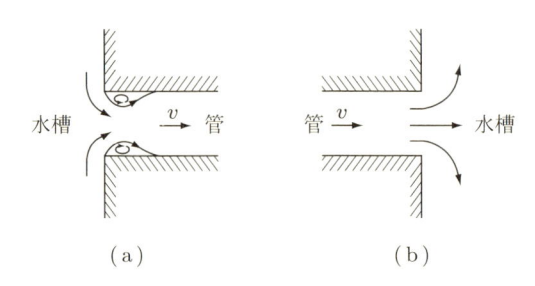

図 6.2 管の入口と出口

6.3.2 流出による損失水頭

水槽への出口での損失は

$$h_0 = f_0 \frac{v^2}{2g} \tag{6.12}$$

で表される．

ここで，f_0 は流出による損失係数で，出口の場合は（図 6.2）管内の水の流速が水槽の中で 0 になることから $f_0 = 1$ である．流速のエネルギーはすべて失われる．

6.4 断面積変化による損失

6.4.1 急拡大管

管の断面積の急激な拡大による損失について考える．管路が細い管から太い管に接続する場所では図 6.3 のように，入口の隅に渦が発生して，エネルギー

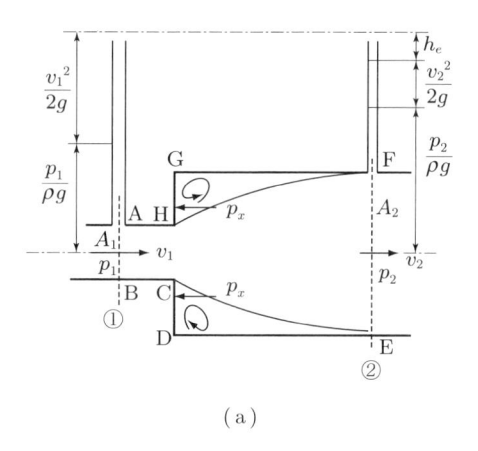

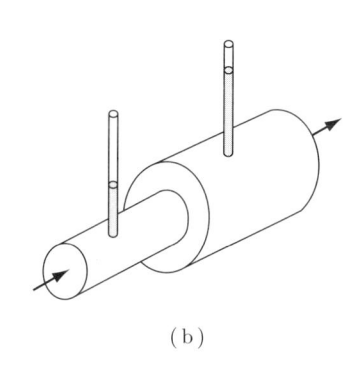

の損失を引き起こす．したがって，ここではエネルギー保存則ではなく，運動量保存則を用いて解くことにする．ここに生じた損失水頭を急拡損失水頭といい，

$$h_e = f_e \frac{v_1^2}{2g} \tag{6.13}$$

で表す．細い管に断面①，太い管の流れが一様になったところに断面②をとる．断面①，および②における断面積を A_1 および A_2，平均流速を v_1 および v_2，水圧を p_1 および p_2 とする．管は水平とし，管摩擦損失を無視し，断面①と②の間にエネルギー式をたてる．

$$\frac{v_1^2}{2g} + \frac{p_1}{w} = \frac{v_2^2}{2g} + \frac{p_2}{w} + h_e$$

$$\therefore \quad h_e = \frac{1}{w}(p_1 - p_2) + \frac{1}{2g}(v_1^2 - v_2^2) \tag{6.14}$$

検査面を ABCDEFGH と考え，運動量の定理を適用すると

$$\rho Q(v_2 - v_1) = p_1 A_1 + p_x(A_2 - A_1) - p_2 A_2 \tag{6.15}$$

一方，拡大する流れの境界面に働く水圧を測ると $p_x = p_1$ であるから

$$\rho Q(v_2 - v_1) = p_1 A_2 - p_2 A_2$$

連続の式から $A_1 v_1 = A_2 v_2$ であるから，圧力差は

$$p_1 - p_2 = \frac{w}{g} v_2 (v_2 - v_1) \tag{6.16}$$

となる．したがって，これを式 (6.14) へ代入すると

$$h_e = \frac{1}{w}(p_1 - p_2) + \frac{1}{2g}(v_1{}^2 - v_2{}^2) = \frac{1}{2g}(v_1 - v_2)^2 \tag{6.17}$$

また，$A_1 v_1 = A_2 v_2$ であるから

$$h_e = \frac{v_1{}^2}{2g} \left\{ 1 - \left(\frac{A_1}{A_2}\right) \right\}^2$$

$$\therefore \quad f_e = \left\{ 1 - \left(\frac{A_1}{A_2}\right) \right\}^2 \tag{6.18}$$

管路が広い水槽または池に流れ込む場合にも上と同様な水頭の損失がある．これを出口損失水頭といい $h_0 = f_0(v^2/2g)$ で表す．f_0 の値は式 (6.18) に $A_2 = \infty$ とおいて近似的に求められる．

$$f_0 = 1, \qquad h_0 = \frac{v^2}{2g} \tag{6.19}$$

すなわち管路の出口においては，もっていた流速水頭は広い水槽の水を撹乱するために全部消費されることがわかる．

次に，細い管と太い管との間を漸次拡大する管で連絡するとき，この連絡管を**漸次拡大管**といい，流れのもつ運動エネルギーを圧力エネルギーに変換する機能をもっている．漸次拡大であるから，断面積増加による圧力増加は急拡大にくらべてかなり小さいので，渦発生による損失も小さい．この損失を漸拡損失水頭といい

$$h_e = \zeta_e \frac{(v_1 - v_2)^2}{2g} \tag{6.20}$$

で表す．図 6.4 には円錐拡大管の損失係数 ζ の開口角 θ による変化を示してある．

6.4.2 縮 小 管

管路が太い管から細い管に接続する場所では，図 6.5 に示すように，流れは断面積 A_1 より，入口直後で A' に縮小した後，拡大して細い管と同じ断面積 A_2 になる．このように流れの断面積が入口断面積より減少することを**縮流**とい

6.4 断面積変化による損失

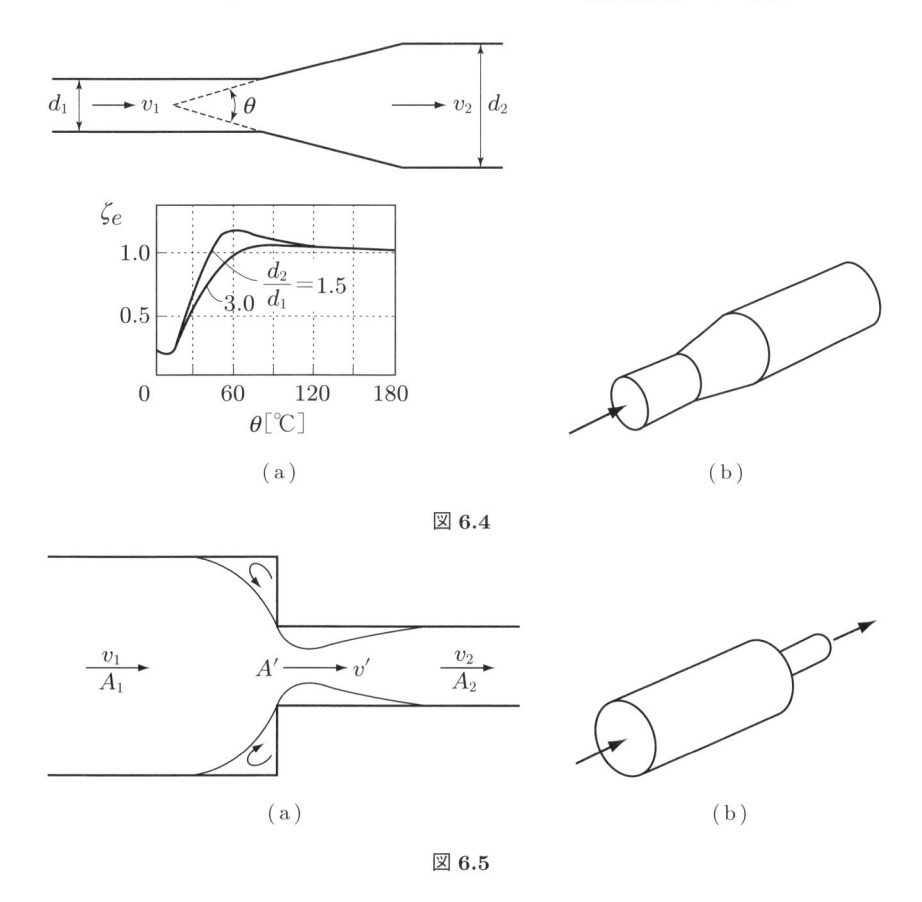

図 6.4

図 6.5

い，面積比 $C_c = \dfrac{A'}{A_2}$ を収縮係数と呼ぶ．急縮小部に生ずる損失水頭を急縮損失水頭といい，$h_c = f_c \dfrac{v_2{}^2}{2g}$ で表す．一般に，断面積 A_1 より A' まで断面が縮小するときのエネルギー損失は極めて小さく，断面積 A' から A_2 までの拡大損失は，前者に比して極めて大きいので，f_c の値は拡大による損失だけを考慮すると，式 (6.18) から

$$f_c = \left(\dfrac{1}{C_c} - 1\right)^2 \tag{6.21}$$

48 第 6 章 管路の流れ

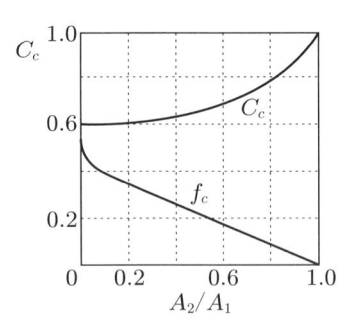

図 6.6 収縮係数および損失係数

となる．図 6.6 は，入口角度が直角の場合についての収縮係数と，損失係数の面積比による変化を示したものである．水槽から管路に流入する場合は，$A_1 = \infty$ に相当するから $A_2/A_1 \to 0$ の場合で，図から $f_c = 0.5$ となる．このような水頭損失を入口損失水頭といい，

$$h_i = f_i \frac{v^2}{2g}, \quad f_i = 0.5 \tag{6.22}$$

である．図 6.7 に示すように，角隅を丸めることにより損失を小さくすることができる．

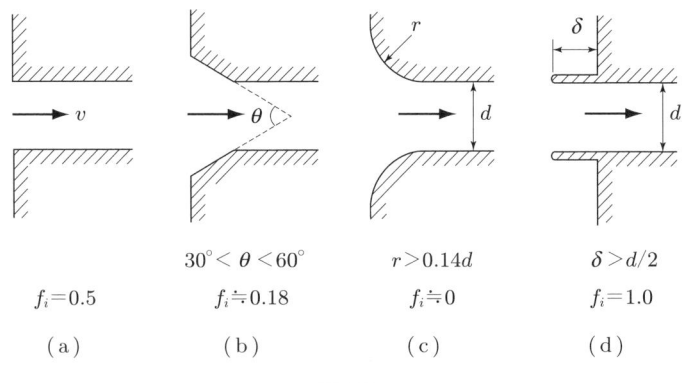

(a) $f_i = 0.5$

(b) $30° < \theta < 60°$ $f_i \fallingdotseq 0.18$

(c) $r > 0.14d$ $f_i \fallingdotseq 0$

(d) $\delta > d/2$ $f_i = 1.0$

図 6.7

6.4.3 弁 類

管路の途中に**弁**，**コック**などがあると，流れの断面積が局部的に収縮や拡大を引き起こすことにより，大きな水頭の損失を生ずることがある．一般に水頭損失を

$$h_v = f_v \frac{v^2}{2g} \tag{6.23}$$

と表す．f_v を弁の損失係数といい，弁の種類によって変化する．

6.4.4 方向変化による損失

流れの方向が緩やかに変化する管を**曲管**といい，管が急に曲がる部分を**エルボ**という．管の曲がりによる損失については，曲線部全体について摩擦損失をも含めて $h_b = f_b \cdot \dfrac{v^2}{2g}$ で表す．f_b の値は，曲率半径 R と管径 d との比，回転角 θ などによって異なり，実験の結果に待たなければならない．

エルボにおける損失係数 f_b は，曲がりの角 θ の関数として，円形断面の場合は

$$f_b = \sin^2\left(\frac{\theta}{2}\right) + 2\sin^4\left(\frac{\theta}{2}\right) \tag{6.24}$$

で与えられる．

6.4.5 合流・分流による損失

管路において，合流したり分流したりするとき，その合流点，分流点の下流部に流れの収縮拡大が生じ水頭損失が起こる（図 6.8）．

これらの損失水頭を，合流損失水頭，分流損失水頭という．これらの損失水頭の大きさは，合流または分流する支管と本管の断面積比，流量比，両管の交角等によって定まる．一般に合流管では

$$h = f \frac{v_3{}^2}{2g} \tag{6.25}$$

分流管では

50   第6章 管路の流れ

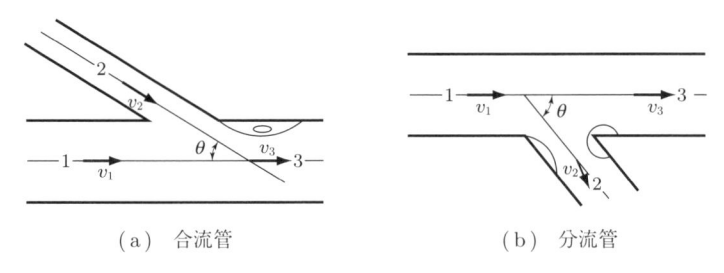

(a) 合流管   (b) 分流管

図 6.8

$$h = f \frac{v_1^2}{2g} \tag{6.26}$$

で表される．f は損失係数であり，これらについては水理公式集（土木学会発行）を参照されたい．

6.4.6 管路の総損失

一般に管路は直管だけでなく，曲りの管，拡大管，縮小管，弁，分流管，合流管など各種のものからできている．したがって，管路の総損失は，始点から終点までの摩擦損失やその他のすべての損失の総和として得られる．総損失を H とすると

$$H = \sum_n f_n \frac{l_n}{d_n} \frac{v_n^2}{2g} + \sum_m f_m \frac{v_m^2}{2g} \tag{6.27}$$

となる．ここに，v_n, v_m は管内平均流速，f_n は摩擦損失係数，l_n は管路の各部の長さ，d_n は内径，f_m は摩擦以外の各種の損失係数である．

A 水槽と B 水槽との間に図 6.9 に示すように単線の管路を考える．両水槽の

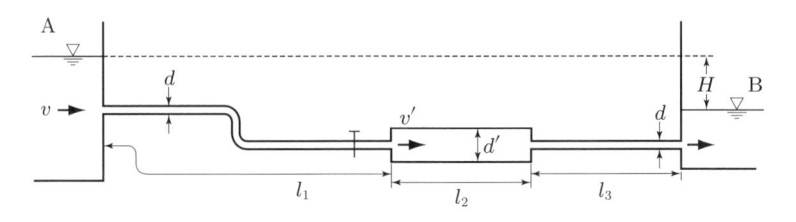

図 6.9

水位差を H とし，水槽内の流れによる損失を無視すると，この水位差は管路の総損失に等しくなるから，損失水頭は次式で示される．入口損失水頭 $f_i \dfrac{v^2}{2g}$，曲りによる損失水頭 $\sum f_b \dfrac{v^2}{2g}$，弁類損失水頭 $f_v \dfrac{v^2}{2g}$，拡大損失水頭 $f_e \dfrac{v^2}{2g}$，縮小損失水頭 $f_c \dfrac{v^2}{2g}$，出口損失水頭 $f_0 \dfrac{v^2}{2g}$，摩擦損失水頭 $f_1 \dfrac{l_1+l_3}{d} \dfrac{v^2}{2g} + f_2 \dfrac{l_2}{d'} \dfrac{v'^2}{2g}$

$$H = \left(f_i + \sum f_b + f_v + f_e + f_c + f_0 + f_1 \frac{l_1+l_3}{d} \right) \frac{v^2}{2g} + f_2 \frac{l_2}{d'} \frac{v'^2}{2g} \tag{6.28}$$

流れの連続性から $v' = \left(\dfrac{d}{d'} \right)^2 \cdot v$ であるから

$$v = \sqrt{\frac{2gH}{f_i + \sum f_b + f_v + f_e + f_c + f_0 + f_1 \dfrac{l_1+l_3}{d} + f_2 \dfrac{l_2}{d'} \left(\dfrac{d}{d'} \right)^4}} \tag{6.29}$$

となる．したがって流量 Q は次式となる．

$$Q = \frac{\pi}{4} d^2 \cdot v \tag{6.30}$$

演 習 問 題 6

(1) 問図 6.1 においてタンク A, B を直径 $D = 40\,\text{cm}$，長さ $L = 420\,\text{m}$ の管で連結し，流量 $Q = 200\,l/s$ の水を A から B へ流したい．二つのタンク間で必要な水面差 H はいくらか．ただし，摩擦損失係数 $f = 0.035$ とする．そして両タンク断面は大きく，水面降下や水面上昇は無視できるものとし，また損失水頭は摩擦のみによるものとする．

(2) 直径 d の 2 本の管路で通水するかわりに同量の流量 Q を同じ長さの 1 本の管路（直径 D）で通水するにはその直径 D を d の何倍にすればよいか．ただし，勾配および摩擦損失係数は双方相等しいものとする．

(3) 直径 $600\,\text{mm}$ の管路において一定流量の水が流れて，$100\,\text{m}$ 離れた二点の水圧がそれぞれ $454\,\text{kPa}$，$430\,\text{kPa}$ である．この二点の標高が等しいとして，この間で

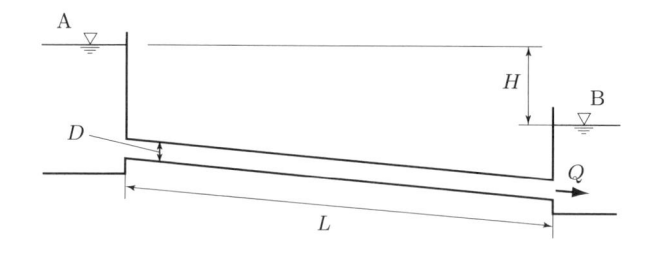

の損失水頭 h_f を求めよ．ここで管内水の密度を $\rho = 1000\,\mathrm{kg/m^3}$ とする．

(4) 問図 6.2 のように水位一定の水槽から長さ L，内径 D の管を出している．先端 B からの流出量 Q を求めよ．ここで $h = 4\,\mathrm{m}$, $L = 10\,\mathrm{m}$, $D = 150\,\mathrm{mm}$，管の摩擦損失係数 $f = 0.045$，そして損失は摩擦損失のみが作用するものとする．

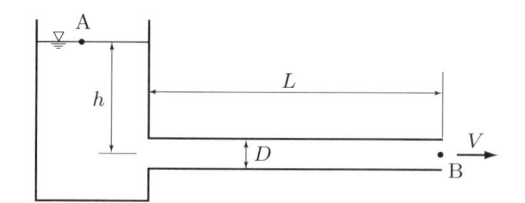

(5) 問図 6.3 のような管路に①と②に細管を取り付け，その断面①〜②間を流れることによって失われる損失水頭 h_f を計ると $h_f = 68\,\mathrm{mm}$ であった．長さ $L = 1.0\,\mathrm{m}$, $D = 50\,\mathrm{mm}$，流量 $Q = 2.36\,l/\mathrm{s}$ であるときの摩擦損失係数 f を求めよ．

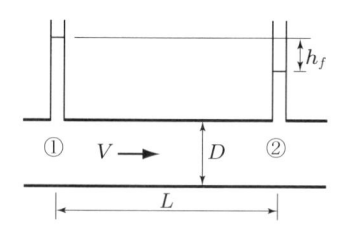

(6) 直径 $D = 20\,\mathrm{mm}$ の管内を平均流速 $U = 0.045\,\mathrm{m/s}$ で水が流れている．水の動粘性係数 $\nu = 0.01 \times 10^{-4}\,\mathrm{m^2/s}$ であるとき，管の摩擦損失係数を f および管路長 $L = 40\,\mathrm{m}$ の区間における摩擦損失水頭 h_f を求めよ．

(7) 問図 6.4 のように，水面差が $H = 20\,\mathrm{m}$ ある大きな貯水池が管路で結ばれている．管路は直径 $D_1 = 450\,\mathrm{mm}$, 摩擦損失係数 $f_1 = 0.035$, 長さ $L_1 = 200\,\mathrm{m}$

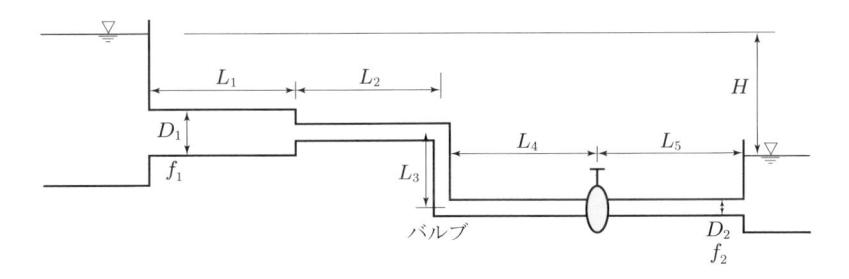

問図 6.4

の直線管と直径 $D_2 = 300\,\mathrm{mm}$, 摩擦損失係数 $f_2 = 0.05$ の管に曲がり損失係数 $f_b = 0.2$ の曲がりが二箇所, バルブ（損失係数 $f_v = 0.8$）が一つ取り付けられている. ここで入り口の損失係数 $f_i = 0.5$, 縮小による損失係数 $f_c = 0.6$, 管長 $L_2 = L_4 = L_5 = 200\,\mathrm{m}$, $L_3 = 10\,\mathrm{m}$, 出口の損失係数 $f_0 = 1.0$ として次の問いに答えよ.

① 細い管路（直径 D_2）を流れる水の平均流速 V_2 を求める式を示し, その値を求めよ.
② 直径 D_1 の管路を流れる水の平均流速 V_1 を求めよ.
③ 貯水池間の流量 Q はいくらか.
④ 管に沿ったエネルギー線を問図 6.5 に図示せよ.
　　　　（注：縦軸, 横軸の目盛りや任意の箇所に数値を入れて明示すること.）

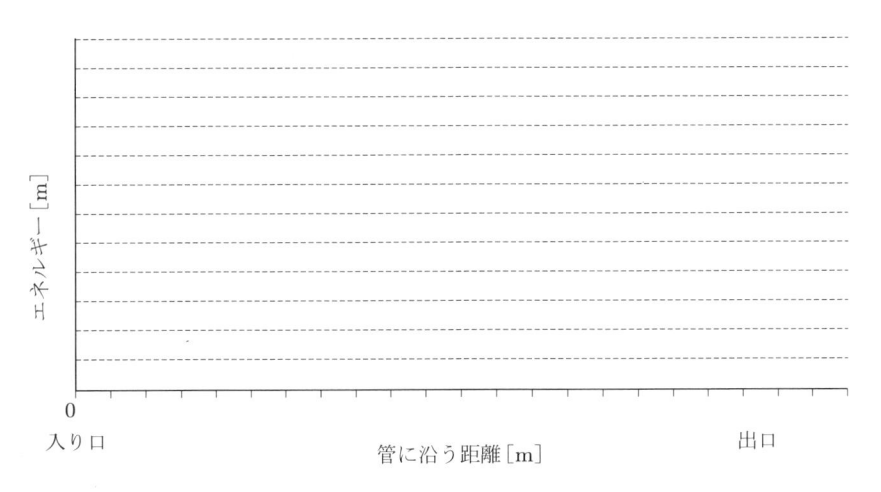

問図 6.5

7. 開水路の流れ

　流れが大気に接し自由表面をもつような水の流れを開水路という．開水路には，河川，運河，用水路，水が完全に満ちていないトンネル，下水道などがある．開水路では，径深の深さが非常に大きく，したがってレイノルズ数が大きいため，流れは乱流である．ここで述べる現象や式は，すべて流れが乱流の場合である．

　基本となるのは，ベルヌーイの定理と運動量保存則である．本章はとくに河川工学と深く関係する．

> **目標**
> 比エネルギー，限界水深，フルード数，常流と射流，跳水等を理解する．

7.1　開水路流れの分類

　自由水面をもつ流れを開水路の流れと呼ぶ．これを時間および空間に対する変化に対して分類すると図 7.1 のようになる．

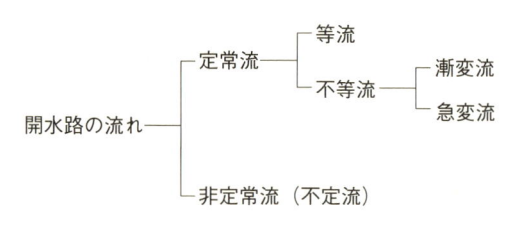

```
開水路の流れ ─┬─ 定常流 ─┬─ 等流
              │          └─ 不等流 ─┬─ 漸変流
              │                      └─ 急変流
              └─ 非定常流（不定流）
```

図 7.1　開水路流れの分類

7.2　開水路の断面および流速が一定の場合の流れ

　開水路では，流れている水が自由表面をもっており，重力の作用によって流れる．

7.2 開水路の断面および流速が一定の場合の流れ

図 7.2 に示すように，断面一定，底面のこう配角 θ の開水路内を一定速度 v で水が流れるとする．任意の距離 l だけ離れた二つの断面の間にある水のつり合いを考える．水深は一様であるから，静水圧によって断面に作用する力 F_1, F_2 はつり合っている．したがって，流れの方向に作用する力は，水の重さの流れの方向の成分のみである．この力が，水路壁の摩擦力と等しい．開水路の断面積を A，潤辺の長さ S，壁のせん断応力の平均値 τ_0 をとすれば，

$$\rho g A l \sin\theta = \tau_0 S l$$

θ は非常に小さいので

$$こう配 = i = \tan\theta \fallingdotseq \sin\theta$$

となるから

$$\tau_0 = \rho g \frac{A}{S} i = \rho g R \cdot i \tag{7.1}$$

ここに，$R = A/S$ は径深の深さである．

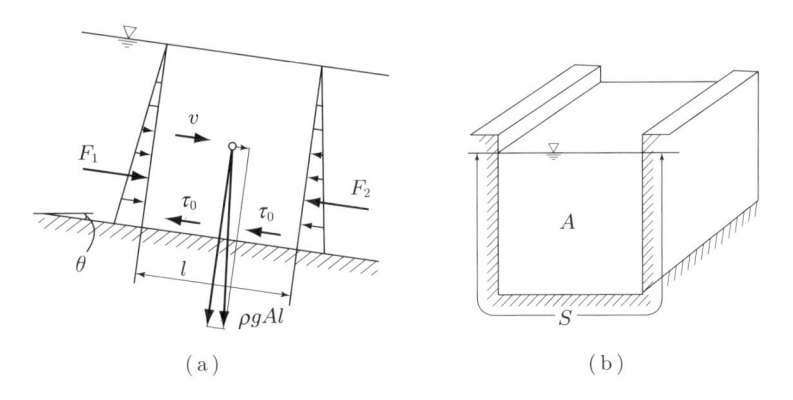

図 **7.2** 開水路の流れに作用する力

τ_0 を摩擦係数 f を用いて $\tau_0 = f\rho v^2/2$ と表すと

$$v = \sqrt{\frac{2g}{f} R \cdot i} \tag{7.2}$$

となる．

シェジー（Chézy）は，流速は $\sqrt{R \cdot i}$ に比例するとして，次式で表した．

$$v = C\sqrt{R \cdot i} \tag{7.3}$$

この式をシェジーの公式，C を流速係数という．C の値は，次のガンギェークッタ（Ganguillet-kutter）の式により求められる．

$$C = \frac{23 + (1/n) + (0.00155/i)}{1 + [23 + (0.00155/i)](n/\sqrt{R})} \tag{7.4}$$

また，次のバザン（Bazin）の式からも求められる．

$$C = \frac{87}{1 + \alpha/\sqrt{R}} \tag{7.5}$$

また，次に示すマニングの式も最近よく用いられる．

$$v = \frac{1}{n} R^{\frac{2}{3}} i^{\frac{1}{2}} \tag{7.6}$$

式 (7.4) と (7.6) の n，式 (7.5) の α は壁の状態によって変わる係数で，表 7.1 にその値を示す．一般に流速は $0.5 \sim 3\,\mathrm{m/s}$ である．これらの式および表の値の単位は m, s である．

表 7.1 ガンギェークッタ，マニングの式の n，バザンの式の α の値

壁面の状態	n	α
滑らかに削った木板，滑らかなセメント塗	0.010〜0.013	0.06
粗雑な木板，比較的滑らかなコンクリート	0.012〜0.018	
れんが，モルタル類，切石積	0.013〜0.017	0.46
形板取り外しのままのコンクリート	0.015〜0.018	
砂利を露出した粗雑なコンクリート	0.016〜0.020	1.30
粗石積	0.017〜0.030	
両岸石張り底面不規則な土	0.028〜0.035	
断面が一様で，水深が大きな砂床の河川	0.025〜0.033	
断面が一様で，岸に雑草のある砂利床の河川	0.030〜0.040	
大きい石及び雑草のある直線でない河川	0.035〜0.050	2.0

水路の流量は次式で計算される．

$$Q = Av = AC\sqrt{R \cdot i} = \frac{1}{n}AR^{\frac{2}{3}}i^{\frac{1}{2}} \tag{7.7}$$

水路の断面の流速は一様でなく，最大流速は水面から深さの $0.1 \sim 0.4$ の所に，また，平均流速 v は深さの $0.5 \sim 0.7$ の所にある．

7.3 開水路の最良断面形状

開水路内の流れの断面積 A（水路幅 B，水深 H）が一定で，式 (7.3) の C，i が一定の場合には，断面形状を適当に選び，潤辺の長さ S を最小にすれば，平均流速 v および流量 Q は最大となる．

すべての幾何学的形状の中で，円形の断面は与えられた面積に対して潤辺の長さ S がもっとも短い．

図 7.3 において，S が最小になる断面形状を求めてみよう．

$$S = B + 2H = \frac{A}{H} + 2H$$

$$\frac{dS}{dH} = -\frac{A}{H^2} + 2 = 0$$

$$A = 2H^2$$

ゆえに次式となる．

$$\frac{H}{B} = \frac{1}{2}$$

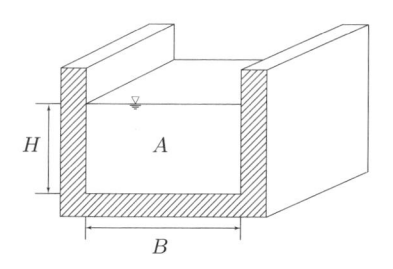

図 **7.3** 長方形水路（$S = B + 2H$）

すなわち，C, A, i が一定の場合，v ならびに Q を最大にするには，水路の深さを幅の半分にすればよい．

7.4 比エネルギー

開水路の多くの問題は，エネルギーの式を用いて解くことができる．図 7.4 の開水路の中の点 A における圧力を p とすると，点 A における流体粒子の全水頭は

$$全水頭 = \frac{v^2}{2g} + \frac{p}{\rho g} + z + z_0$$

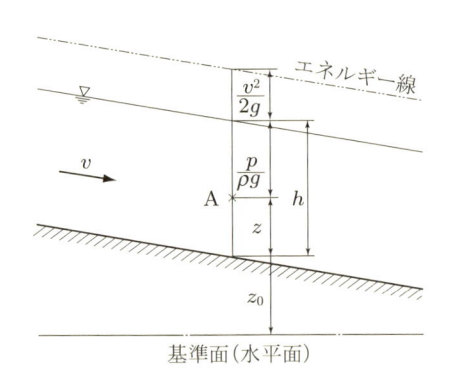

図 7.4 開水路の流れ

水路の深さを h とすると以下のようになる．

$$h = \frac{p}{\rho g} + z$$

したがって，全水頭は次のようにも書ける．

$$全水頭 = \frac{v^2}{2g} + h + z_0 \tag{7.8}$$

また，水路底を基準とした全水頭を**比エネルギー**といい，単位重量当たりのエネルギーを表し，これを E とすると

$$E = h + \frac{v^2}{2g} \tag{7.9}$$

となる．この長方形水路の幅を B とし，流量を Q，単位幅当たりの流量を q とすると，$Q = qB$，断面積 $A = hB$ となり，式 (7.10) を得る．

$$E = h + \frac{q^2}{2gh^2} \tag{7.10}$$

この関係は，開水路の流れを解析する上で非常に重要である．ここでは三つの変数 E, h, q があるので，一つを一定として他の二つの変数の関係を考えてみる．

7.5 流量を一定とした場合

一定の流量 q に対して，比エネルギーと水深との関係を示すと，図 7.5 のようになる．比エネルギーが最小になる水深 h_c を求めると

$$\frac{dE}{dh} = 1 - \frac{q^2}{gh^3} = 0$$

より

$$h_c = \left(\frac{q^2}{g}\right)^{\frac{1}{3}} \tag{7.11}$$

となる．この h_c を，**限界水深**という．この状態が比エネルギーは最小である．水深 h_c の線で，流れは二つの異なった形態の流れとなる．水深が，h_c より深

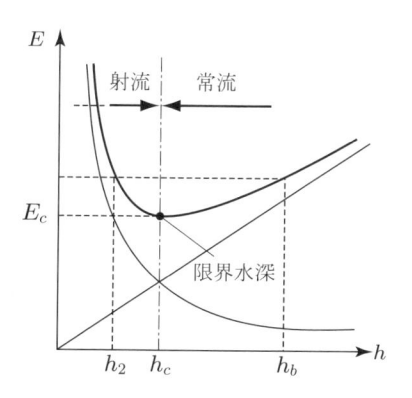

図 7.5 流量一定の曲線

い場合には，**常流**といわれ，底面の傾斜のゆるやかな場合にこのような流れとなり，流速も遅い．水深が h_c より浅い場合には**射流**といわれ，底面の傾斜の急な場合にこのような流れとなり，流速は早い．

限界水深 h_c において，E_c は以下のようになる．

$$E_c = \frac{q^2}{2gh_c{}^2} + h_c$$

式 (7.11) より $q^2 = gh_c{}^3$

$$E_c = \frac{h_c}{2} + h_c = 1.5h_c \tag{7.12}$$

となる．

限界状態の場合の比エネルギー（全水頭）は，限界水深 h_c の 1.5 倍である．このときの流速は，式 (7.11) より

$$v_c = \frac{q}{h_c} = \sqrt{gh_c} \tag{7.13}$$

となり，この v_c を**限界速度**という．

7.6 比エネルギーを一定とした場合

式 (7.10) より，次式が得られる．

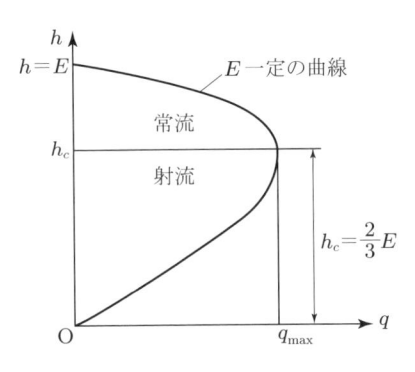

図 7.6 比エネルギー一定の曲線

$$q^2 = 2g(h^2 E - h^3)$$

$$\frac{dq}{dh} = \frac{g}{q}(2Eh - 3h^2) = 0$$

$$E_c = 1.5 h_c \qquad (7.14)$$

となる．

式 (7.12), (7.14) を比較すると，流量一定で比エネルギー最小の状態と，比エネルギー一定で流量最大状態とは，ともに同じ限界状態であることがわかる（図 7.6）．

7.7 フルード数

常流と射流を区別する指標はフルード数 F_r であるが，フルード数は流速と長波の伝播速度の比として表している．分母と分子はいずれも速度 $[\mathrm{LT}^{-1}]$ の次元をもつのでフルード数は無次元となる．フルード数による流れの分類を以下に示す．

$$F_r = \frac{v}{\sqrt{gh}} < 1 \qquad v < \sqrt{gh} \qquad 常流$$

$$F_r = \frac{v}{\sqrt{gh}} = 1 \qquad v = \sqrt{gh} \qquad 限界流$$

$$F_r = \frac{v}{\sqrt{gh}} > 1 \qquad v > \sqrt{gh} \qquad 射流$$

すなわち，常流の場合は長波の進む速度が流れより速いため波は上流に伝播するが，射流の場合は流れが長波の進む速度より速いため長波は下流にしか伝わらない．限界流では流れと長波の進む速度は等しくなる．

7.8 一様でない流れ

開水路における水の単位重量のもつエネルギーは以下の式で表す．

$$E = z + h + \frac{v^2}{2g} \qquad (7.15)$$

図 7.7

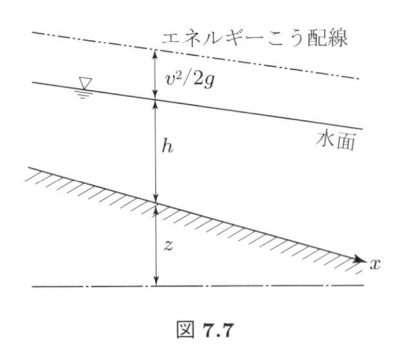

図 7.7 に示すように，水路底に沿って流れ方向に x 軸を取り，上式を微分すると

$$\frac{dE}{dx} = \frac{dz}{dx} + \frac{dh}{dx} + \frac{d}{dx}\left(\frac{v^2}{2g}\right) \tag{7.16}$$

となる．エネルギーこう配 $\dfrac{dE}{dx}$，水路底こう配 $\dfrac{dz}{dx}$ ともに流れ方向に下がるから，次のようにおく．

$$\frac{dE}{dx} = -i, \quad \frac{dz}{dx} = -i_0 \tag{7.17}$$

式 (7.16) は以下のようになる．

$$\frac{dh}{dx} = i_0 - i - \frac{d}{dx}\left(\frac{v^2}{2g}\right) \tag{7.18}$$

式 (7.18) の右辺第 3 項は

$$\frac{d}{dx}\left(\frac{v^2}{2g}\right) = \frac{dA}{dx} \cdot \frac{d}{dA}\left(\frac{Q^2}{2gA^2}\right) = -\frac{dA}{dh} \cdot \frac{dh}{dx} \cdot \frac{Q^2}{gA^3} = -\frac{dh}{dx}\frac{Q^2 B}{gA^3}$$

であるから，式 (7.18) は

$$\frac{dh}{dx} = \frac{i_0 - i}{1 - \dfrac{Q^2 B}{gA^3}} \tag{7.19}$$

となる．式 (7.19) は一様水路における流れに対する基本方程式である．

$\dfrac{dh}{dx}$ が正ならば，下流にいくに従って水深は増すことを示し，$\dfrac{dh}{dx}$ が負ならば下流にいくに従って水深が減ずることを示す．

$\dfrac{dh}{dx} = 0$ の場合は $i = i_0$ となり、水面こう配は水路底こう配と同一になるから、水面は水路底と平行になる．すなわち，流れは一様な流れの場合になる．いま水路底こう配が i_0 のとき，一様な流れの水深を h_0 とすると，マニング公式を用いて，

$$\frac{i}{i_0} = \left(\frac{h_0}{h}\right)^{\frac{10}{3}} \tag{7.20}$$

の関係があるから，式 (7.19) の分子については

$$h \gtreqless h_0 \text{ に応じて } i \lesseqgtr i_0 \tag{7.21}$$

となる．$\dfrac{dh}{dx} = \infty$ の場合は，$\dfrac{Q^2 B}{g A^3} = 1$ となり，限界水深での流れの状態になる．$A = B \cdot h$ であるから，この関係を $\dfrac{Q^2 B}{g A^3} = 1$ に代入して

$$\frac{Q^2}{gB^2} = h^3 \tag{7.22}$$

となる．この式は限界水深を与える式と同一であるから，h は限界水深を示すものである．限界水深を h_c とおけば，式 (7.22) から

$$h_c = \sqrt[3]{\frac{Q^2}{gB^2}} \tag{7.23}$$

となる．

7.9 水面形の種類

水面こう配には種々の場合があるが，ここで幅の広い長方形断面水路を例に取り，水面形を調べる．式 (7.19) は次のようになる．

$$\frac{dh}{dx} = i_0 \frac{1 - \dfrac{i}{i_0}}{1 - \dfrac{Q^2 B}{g A^3}} \tag{7.24}$$

シェジーの公式を用いると，エネルギーこう配は次式で与えられる．

$$i = \frac{v^2}{C^2 R} \fallingdotseq \frac{v^2}{C^2 h} = \frac{Q^2}{C^2 B^2 h^3}$$

また

$$i_0 = \frac{v^2}{C^2 R_0} \fallingdotseq \frac{v^2}{C^2 h_0} = \frac{Q^2}{C^2 B^2 h_0{}^3}$$

ここに，B は水路幅で，h_0 は一様な流れでの水深で，等流水深と呼ばれる．

$$\therefore \quad \frac{i}{i_0} = \left(\frac{h_0}{h}\right)^3 \tag{7.25}$$

さらに $h_c = \sqrt[3]{Q^2/gB^2}$ であり，$h = A/B$ であるから

$$\frac{Q^2 B}{g A^3} = \frac{Q^2}{g B^2} \cdot \frac{B^3}{A^3} = h_c{}^3 \cdot \frac{1}{h^3} = \left(\frac{h_c}{h}\right)^3 \tag{7.26}$$

それゆえ，式 (7.19) は

$$\frac{dh}{dx} = i_0 \frac{1 - \left(\dfrac{h_0}{h}\right)^3}{1 - \left(\dfrac{h_c}{h}\right)^3} = i_0 \frac{h^3 - h_0{}^3}{h^3 - h_c{}^3} \tag{7.27}$$

となる．次に，限界こう配以下の緩こう配の水路を考える．このような水路では $h_0 > h_c$ であって，式 (7.27) で表される水面曲線には図 7.8 (a) の M_1, M_2, M_3 の三種がある．$h > h_0$ ならば同時に $h > h_c$ であるから $\dfrac{dh}{dx} > 0$ であり，$h \to h_0$ に対して，$\dfrac{dh}{dx} \to 0$ であるから，水面曲線は M_1 のように上流の方で $h = h_0$ の直線を漸近線とする曲線であり，下流の方向に水深を増す曲線となる．この曲線はダムなどによって流れをせき止めたときにできる水面形であって，これを**背水曲線**という．

$h_0 > h > h_c$ ならば $\dfrac{dh}{dx} < 0$ であり，$h \to h_0$ に対して $\dfrac{dh}{dx} \to 0$ であるから，この水面曲線は M_2 のようになり，下流の方向に水深は減少する曲面となる．$h < h_c$ のときはまた $h < h_0$ であり，$\dfrac{dh}{dx} > 0$ となり，流れは射流となる．この場合の水面曲線は M_3 のようになる．$h \to h_c$ に対して $\dfrac{dh}{dx} \to \infty$ である

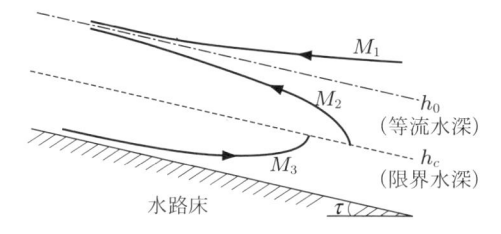

(a) 緩勾配 ($i < i_c$) 水路で発生する水面形

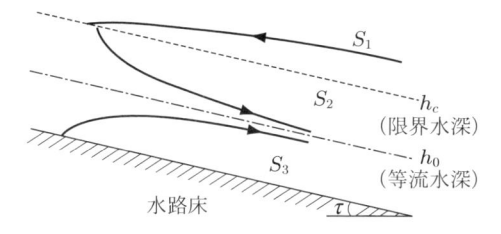

(b) 急勾配 ($i > i_c$) 水路で発生する水面形

図 7.8

から，$h = h_c$ となる前に跳水現象がおこる．これらの三種の曲線の表れる場合の例を図 7.8 (a) に示した．図から，$i_0 < i_c$ のときは下流の方に漸近線をもつ水面曲線が存在しないことから，常流の場合には下流側からの影響は受けるが，上流側の影響は受けないことがわかる．

次に，水深の範囲で $i_0 > i_c$ になるような急勾配の水路において，式 (7.27) で表される水面形を調べる．これらの水面曲線は図 7.8 (b) の S_1，S_2，S_3 で表される三種がある．$h > h_c$ ならば $h_c > h_0$ であるから $h > h_0$ となり $\dfrac{dh}{dx} > 0$ であって，$h \to h_c$ に対して $\dfrac{dh}{dx} \to \infty$ であるから水面曲線は S_1 のようになり，上流端は一般に跳水の形をとる．$h_c > h > h_0$ のときには，$\dfrac{dh}{dx} < 0$ で，$h \to h_0$ のとき $\dfrac{dh}{dx} \to 0$ となるから，$h = h_0$ を漸近線とする S_2 のような水面曲線となる．また，$h < h_0$ ならば $h < h_c$ であり $\dfrac{dh}{dx} > 0$ となるから，水面曲

線は S_3 のように下流のほうで $h = h_0$ を漸近線とする水面形になる．これらの水面曲線は，急勾配の水路で水がダムを越える場合，あるいは水門の下流から流出する場合などに見られる．図 7.8 (b) から，射流では上流からの影響は受けるが，下流側からの影響は受けないことがわかる．

7.10 等流の水深（h_0）

等流状態で流れる開水路の水深を等流水深と呼ぶ．等流水深が h_0 のとき，幅 B，水深 h_0 の幅の広い長方形断面水路では，径深は $R \approx h_0$ となる．等流状態での流量はマニングの流速公式を用いると次式で表せる．

$$Q = (Bh_0)\frac{1}{n}h_0^{\frac{2}{3}}i^{\frac{1}{2}} \tag{7.28}$$

式 (7.28) から等流水深は次式となる．

$$h_0 = \left(\frac{Q \cdot n}{B \cdot i^{\frac{1}{2}}}\right)^{\frac{3}{5}}$$

現実の水路では，径深 R を用いる必要がある．表 7.2 は水路断面の形状要素を示した例である．

表 7.2 水路断面の形状要素

断面形	水面幅 B	水深 h	流積 A	潤辺 S	径深 R
く形	b	h	bh	$b+2h$	$\dfrac{bh}{b+2h}$
てい形	$b+2mh$	h	$(b+mh)h$	$b+2h\sqrt{1+m^2}$	$\dfrac{(b+mh)h}{b+2h\sqrt{1+m^2}}$

7.11 勾配変化部の水面形

図 7.9 は緩勾配水路（$h > h_c$）から急勾配水路（$h < h_c$）に水底勾配が変化する場合の水面形を示す．緩勾配水路と急勾配水路ではそれぞれ等流水深 h_{01}，h_{02} を形成し，常流から射流へと変化する．両水路の水面形は等流水深と限界

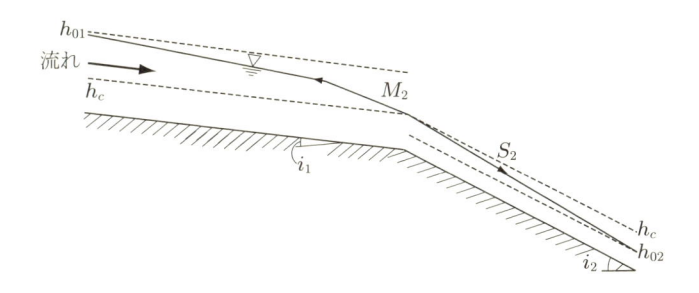

図 7.9 緩勾配から急勾配部への流れ

水深の中間に存在しているのでそれぞれ M_2, S_2 曲線となる.

7.12 跳 水

　流れが常流から射流に変わるときには水面形は連続的に変化するが，射流から常流に変化する場合には図 7.10 に示すように不連続な水面形状をなす．このような現象を**跳水**と呼ぶ．

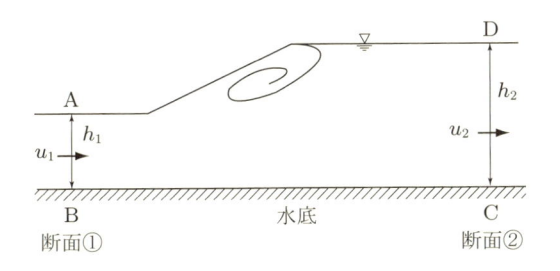

図 7.10 跳水現象

　たとえば，図 7.11 のようにダムの越流面の勾配が急な場合は射流となるが，下流で勾配が緩やかになると，そのまま射流を続けることができず，突然常流に移る．このように跳水が生じると，これによってエネルギーが消散されるのでダム直下の水路底の侵食が防止できる．

　図 7.10 に示すような跳水が生じるとき，下流側の常流水深 h_2 は上流の射流水深 h_1 の**共役水深**と呼ばれる．共役水深の関係式を求めるには，渦によるエネルギー損失が既知でないとき，エネルギー保存則は適用できない．この場合，

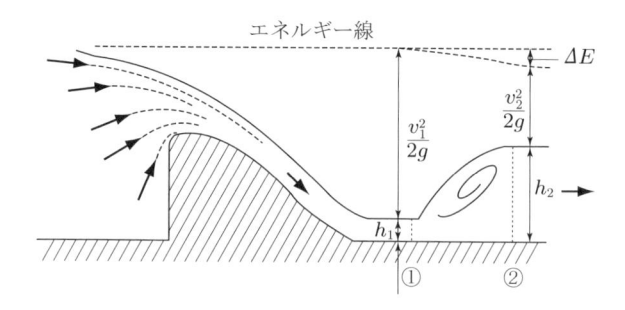

図 7.11　ダム直下の跳水

渦を含む領域を検査領域としてこれに**運動量の保存則**を適用する．ここに，底面に作用するせん断力は無視する．

P_1 と P_2 は両断面①，②に作用する全圧力とすると，

$$\rho q(v_2 - v_1) = P_1 - P_2 \tag{7.29}$$

ここに，ρ は水の密度，q は単位幅当たりの流量である．流れが底面と平行になる所では，圧力は静水圧分布となる．

$$P_1 = \frac{1}{2}\rho g h_1{}^2, \quad P_2 = \frac{1}{2}\rho g h_2{}^2$$

単位幅流量を q とすると，連続の式より

$$q = h_1 v_1 = h_2 v_2$$

となるので式 (7.29) は次のようになる．

$$\frac{\rho g}{2}\left(h_1{}^2 - h_2{}^2\right) = \rho q^2 \left(\frac{1}{h_2} - \frac{1}{h_1}\right)$$

上式から次式を得る．

$$\frac{g}{2}\left(\frac{h_2}{h_1}\right)(h_1 + h_2) = v_1{}^2 \tag{7.30}$$

となる．$2/(gh_1)$ を掛けて整理すると次式になる．

$$\left(\frac{h_2}{h_1}\right)^2 + \left(\frac{h_2}{h_1}\right) - 2Fr_1{}^2 = 0 \tag{7.31}$$

ここに，$Fr_1{}^2 = \dfrac{v_1{}^2}{gh_1}$

式 (7.31) の二次方程式を解き，$h_2/h_1 > 0$ となる解を求めると

$$\frac{h_2}{h_1} = \frac{1}{2}\left(-1 + \sqrt{1 + 8Fr_1{}^2}\right) \tag{7.32}$$

が得られる．

跳水によるエネルギー損失 ΔE は次式になる

$$\Delta E = \left(\frac{v_1{}^2}{2g} + h_1\right) - \left(\frac{v_2{}^2}{2g} + h_2\right)$$
$$= \frac{v_1{}^2}{2g}\left\{1 - \left(\frac{h_1}{h_2}\right)^2\right\} + (h_1 - h_2)$$

ここで，式 (7.30) を用いて $v_1{}^2$ を消去すると式 (7.33) を得る．

$$\Delta E = \frac{(h_2 - h_1)^3}{4h_1 h_2} \tag{7.33}$$

これが，跳水によるエネルギー損失量である．

演 習 問 題 7

(1) 問図 7.1 のような台形断面水路（$L_1 = L_2 = L_3 = 2\,\mathrm{m}$，水路勾配 $i = 1/1000$）に水深 $h = 2\,\mathrm{m}$ で水が流れている．

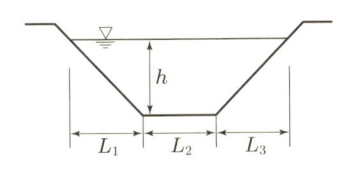

問図 **7.1**

① シェジー式を用いてこのときの流量を求めよ．ただし，シェジーの係数は $C = 45$ とする．
② マニング式を用いてこのときの流量を求めよ．ただし，粗度係数は $n = 0.022$ とする．

(2) 幅 $B = 12\,\mathrm{m}$ の長方形断面水路に流量 $Q = 5\,\mathrm{m}^3/\mathrm{s}$ で水が流れている．水深 $h = 0.6\,\mathrm{m}$ で流れているものとする．フルード数 Fr を求め，流れが常流，射流，限界流のいずれであるかを判定せよ．

(3) 幅 $B = 150\,\mathrm{m}$，粗度係数 $n = 0.03$，勾配 $I = 1/1000$ の矩形断面開水路に流量 $Q = 450\,\mathrm{m}^3/\mathrm{s}$ が流下する場合の①等流水深 h_o，②限界水深 h_c，③限界流速 V_c を求めよ．また④この等流が常流であるか射流であるかを判定せよ．ただし，幅の広い断面水路とし，等流水深はマニングの式を用いる．

(4) 幅 $B = 10\,\mathrm{m}$ の長方形断面水路に流量 $Q = 5.5\,\mathrm{m}^3/\mathrm{s}$ で水が流れている．水深 $h = 0.45\,\mathrm{m}$ で流れているものとする．①フルード数 Fr，②比エネルギー E，③限界水深 h_c を求め，④流れが常流，射流，限界流のいずれであるかを判定せよ．

(5) 問図 7.2 のような台形断面水路において一定流積，勾配，粗度係数が与えられる場合に最大流量が得られるときの水深と水路幅の関係を導け．(もっとも効率の良い断面（経済断面）となる B と h の関係を求める．)

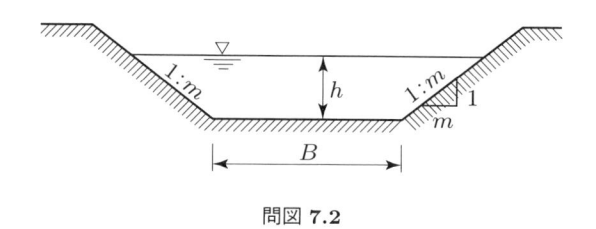

問図 7.2

8. 波

　海の波を眺めると，大きな波が来たり，小さな波が来たり実に複雑に変化していることがわかる．海岸で，実用的な波浪予報に成功したのは，第二次世界大戦でのノルマンディ上陸作戦にさいしてだといわれている．本章では波の基本的性質について述べることにする．

> 🚩 **目標**
> 波を構成する基本量を把握し，波の性質を理解すること．

8.1　波の一般的性質

　流体の運動には流動と波動がある．波動とは媒質の移動と無関係に形態が移動することをいう．いま，一つの波が移動する量を $y = f(x)$ で表すことにすると

$$y = f(x - ct) \tag{8.1}$$

となる．式 (8.1) はこのような量が c という速度で x の正方向に伝わることを示している．なぜならば，c という速度で移るとすると，t が $t+t'$ になったとき，x は $x+ct'$ になり，したがって伝えられる量 y は

$$y = f[x + ct' - c(t + t')] = f(x - ct) \tag{8.2}$$

となって，時刻 $t+t'$，場所 $x+ct'$ における量は，時刻 t 場所 x における量に等しい．すなわち，$y = f(x)$ という量が変化することなく，c という速度で x の正方向に伝わるのは $y = f(x - ct)$ と表すことができる．同様にして，

$$y = F(x + ct) \tag{8.3}$$

は，$y = F(x)$ という量が x の負方向に c の速度で伝わることを示している．
　$y = f(x - ct)$ を**進行波**，$y = F(x + ct)$ を**逆行波**といって，c を**伝播速度**と

いう．同じ伝播速度 c をもつ進行波 $y = f(x - ct)$ と逆行波 $y = F(x + ct)$ が同時にあるときには，一般に

$$y = f(x - ct) + F(x + ct) \tag{8.4}$$

で表される．これはどんな微分方程式を満足するかをしらべると，

$$\frac{\partial^2 y}{\partial x^2} = f''(x - ct) + F''(x + ct)$$

$$\frac{\partial^2 y}{\partial t^2} = c^2 \{f''(x - ct) + F''(x + ct)\}$$

であるから

$$c^2 \frac{\partial^2 y}{\partial x^2} = \frac{\partial^2 y}{\partial t^2} \tag{8.5}$$

となる．これが一次元の波動の微分方程式，すなわち**波動方程式**である．

8.2 波の運動の基本量

波の運動の要素を図 8.1 に示す．周期的に継続している波の最も高いところを波の峰といい，最も低いところを波の谷という．波の谷から峰までの鉛直距離を**波高** H，波の峰から次の峰（または谷から谷）まで距離を**波長** L，波の峰（または谷）の移動する速さを**波の速度** c といい，波の峰（谷）がある点を通過してから次の峰（谷）が通過するまでの時間を**波の周期** T という．波が無いときの水面から水底までの深さを**水深** h とする．これらの要素を用いて波のとがり度を表す波高と波長の比を**波形勾配** H/L，水深と波長の比を**相対水深** h/L などの無次元量が定義される．

波が正弦曲線で表されるとき，一定の速度で正方向に進む場合には，

$$y = a \sin(mx - nt + \varepsilon) \tag{8.6}$$

によって表わすことができる．これを**正弦波**という．この場合には，時刻 t における x という場所の量は時刻 $t + t'$ における $x + \dfrac{n}{m} t'$ という場所の量に等しいことが容易にわかることから，$\dfrac{n}{m}$ は伝播速度を与える．すなわち $c = \dfrac{n}{m}$ で

8.2 波の運動の基本量

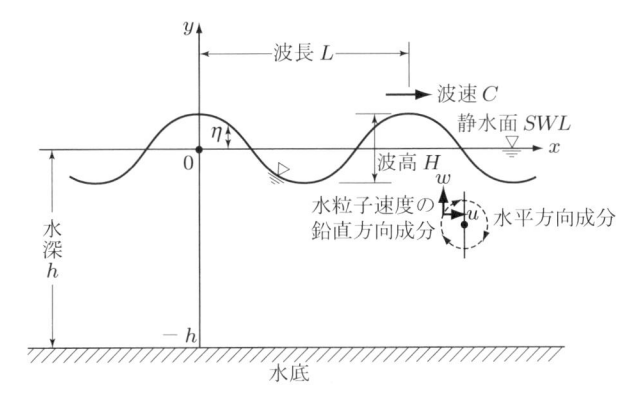

図 8.1 波の定義図

ある.また時間 t を一定にしているとき,となり合う二つの波の山の間の距離は $\frac{2\pi}{m}$ であるが,これを波の**波長**といい,L で表す.

すなわち $L = \frac{2\pi}{m}$ となる.さらに同じ場所では,$\frac{2\pi}{n}$ 時間ごとに同じ状態が繰り返されるから,波の周期 T は,$T = \frac{2\pi}{n}$ である.これらをまとめると

$$c = \frac{n}{m}, \quad L = \frac{2\pi}{m}, \quad T = \frac{2\pi}{n} = \frac{L}{c} \tag{8.7}$$

また a を波の**振幅**といい,ε を**位相**という.

c, L, T を使うと,正弦波を次のように表すことができる.

$$\left.\begin{aligned} y &= a\sin\frac{2\pi}{L}(x - ct + \varepsilon) \\ y &= a\sin 2\pi\left(\frac{x}{L} - \frac{t}{T} + \varepsilon\right) \end{aligned}\right\} \tag{8.8}$$

いま,振幅,波長,周期,位相がすべて等しく,ただその伝播方法だけが逆である二つの正弦波が同時に存在するときを考えると

$$\left.\begin{aligned} y &= a\sin(mx - nt) + a\sin(mx + nt) \\ &= 2a\cos nt \cdot \sin mx \end{aligned}\right\} \tag{8.9}$$

で与えられる．これは時間とともに周期的に変化する $2a\cos nt$ なる振幅をもつ正弦曲線と考えられる．$\sin mx = 0$ を満足するような x の場所では，時間 t に無関係に常に $y = 0$ になっている．このような場所を**節**という．

となり合う二つの節の丁度中間では $\sin mx = \pm 1$ であるが，このような場所を**腹**という．このように進行もしなければ後退もしないような波を**定常波**という．

8.3 長 波

長波の性質を以下にあげる．
(a) 長波は海の深さに比べて波長が大きい．
(b) 波高は波長に比べて非常に低い．
(c) 水の粒子の進行速度は緩やかである．
(d) 波による海水の上下運動の加速度は 0 に近い．
(e) 水の運動は海底まで及ぶ．

8.3.1 長波の運動式

二次元の長波，すなわち水平な水路の中を長波が伝わる場合を考える．静止の状態における自由水面に原点を取り，水路の方向に x 軸，鉛直上向きに y 軸を図 8.2 のように取る．静水面からの水面の高まりを η とする．波動がない静止しているときの水面の方程式は $y = 0$ で表される．波動がある場合の任意の時刻における水面を $y = \eta$ とする．η は時刻 t，場所 x における表面の上昇量であり，t および x の関数である．運動方程式は一般に

$$\left.\begin{aligned}\frac{Du}{Dt} &= X - \frac{1}{\rho}\frac{\partial p}{\partial x} \\ \frac{Dv}{Dt} &= Y - \frac{1}{\rho}\frac{\partial p}{\partial y}\end{aligned}\right\} \tag{8.10}$$

である．ここに u, v は x 方向，y 方向の速度，p は圧力，ρ は水の密度，X, Y はそれぞれ x 方向，y 方向の外力である．今の場合には明らかに $X = 0$, $Y = -g$ である．

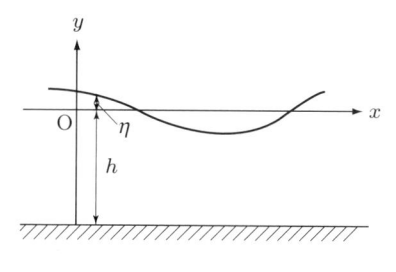

図 8.2

式 (8.10) の第 2 の式を考えると，上下の運動の加速度が無視されることから，$Dv/Dt = 0$ とおくことができるので，次式が得られる．

$$\frac{\partial p}{\partial y} = -\rho g \tag{8.11}$$

これを積分すると

$$p = -\rho g y + \text{const.} \tag{8.12}$$

水面は大気に接しているので，大気圧を p_0 とすれば $(p)_{y=\eta} = p_0$ という条件より

$$\text{const.} = p_0 + \rho g \eta$$

この関係を式 (8.12) に代入して

$$p = p_0 + \rho g (\eta - y) \tag{8.13}$$

となる．これは静水圧分布を与えるものである．x について両辺を微分すると

$$\frac{\partial p}{\partial x} = \rho g \frac{\partial \eta}{\partial x} \tag{8.14}$$

となる．次に，式 (8.10) の第 1 の式を考え，二次の微少量を無視すると

$$\frac{\partial u}{\partial t} = -\frac{1}{\rho}\frac{\partial p}{\partial x} \tag{8.15}$$

となり，式 (8.14) を式 (8.15) へ代入すると

$$\frac{\partial u}{\partial t} = -g\frac{\partial \eta}{\partial x} \tag{8.16}$$

となる．η は x, t の関数であるから $\dfrac{\partial \eta}{\partial x}$ もまた x, t の関数で，y には無関係となる．したがって，$x = \text{const.}$ という一つの鉛直断面内にあるすべての水粒

子は同じ水平加速度をもつことになる．すなわち最初一つの鉛直面上にあった水粒子は常に相集まって一つの鉛直面を形成することが知られる．これは長波の有する重要な特性である．

8.3.2 長波の連続の式

単位幅，厚さ δx，高さ $h+\eta$ である直六面体を任意の場所に考え（図 8.3），単位時間内にこの中に入る水の体積を求める．場所 x における面を通って単位時間内に入る水の体積は $u(h+\eta)$ で，場所 $x+\delta x$ における面を通って単位時間内に出る水の体積は

$$u(h+\eta) + \frac{\partial}{\partial x}\{u(h+\eta)\}\delta x$$

であるから直六面体に残る体積は

$$u(h+\eta) - \left[u(h+\eta) + \frac{\partial}{\partial x}\{u(h+\eta)\cdot\delta x\right] = -\frac{\partial}{\partial x}\{u(h+\eta)\}\delta x$$

である．この体積の増加は水面の上昇量の増加になる．単位時間内の水面上昇量の増加は $\frac{\partial \eta}{\partial t}$ であるから，表面上昇のための体積の増加は $\frac{\partial \eta}{\partial t}\cdot\delta x$ である．

それゆえ

$$\frac{\partial \eta}{\partial t}\cdot\delta x = -\frac{\partial}{\partial x}\{u(h+\eta)\}\delta x$$

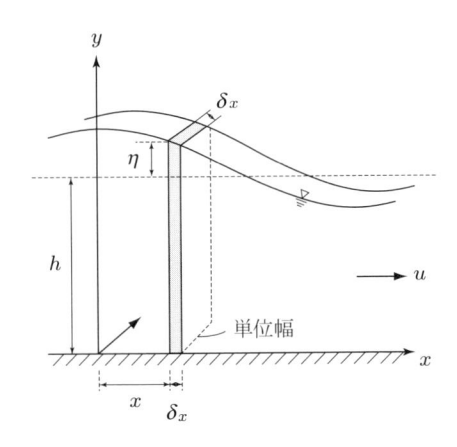

図 8.3

となる．すなわち

$$\frac{\partial \eta}{\partial t} = -\frac{\partial}{\partial x}\{u(h+\eta)\} \tag{8.17}$$

となり，u，η ともに小さいとして，二次の微小量を省略すると，h は一定とするから，

$$\frac{\partial \eta}{\partial t} = -h\frac{\partial u}{\partial x} \tag{8.18}$$

となる．式 (8.16) と式 (8.18) とから u を消去すれば

$$\frac{\partial^2 \eta}{\partial t^2} = gh\frac{\partial^2 \eta}{\partial x^2} \tag{8.19}$$

となる．これは波動の方程式であって，$c = \sqrt{gh}$ とおくと

$$\frac{\partial^2 \eta}{\partial t^2} = c^2 \frac{\partial^2 \eta}{\partial x^2} \tag{8.20}$$

となり，式 (8.5) とまったく同型となりこれの一般解は

$$\eta = f(x-ct) + F(x+ct) \tag{8.21}$$

で与えられ，長波は $c = \sqrt{gh}$ の速度で伝播することがわかる．

8.3.3 水粒子の速度

さらにこのような長波により水の実質部分はどのような運動をするかを調べる．進行波 $\eta = f(x-ct)$ の場合を考える．この式を式 (8.16) に代入すると

$$\frac{\partial u}{\partial t} = -gf'(x-ct)$$

となる．積分して

$$u = \frac{g}{c}f(x-ct) + U(x) \tag{8.22}$$

となる．ここで η，u は式 (8.18) を満足しなければならないから

$$-cf'(x-ct) = -cf'(x-ct) - hU'(x)$$

$$\therefore \quad U'(x) = 0 \qquad \text{すなわち} \qquad U(x) = \text{const.}$$

であるから，上式を式 (8.22) へ代入すると

$$u = \frac{g}{c} f(x - ct) + \text{const.} \tag{8.23}$$

ところが，この式における const. は水全体の流れの速度を与えるもので，波動には無関係のものであるから，波動だけを考えるときには const. $= 0$ とおいて

$$u = \frac{g}{c} f(x - ct) \tag{8.24}$$

となる．$\eta = f(x - ct)$ であるから

$$u = \frac{g}{c} \eta = \sqrt{\frac{g}{h}} \cdot \eta \tag{8.25}$$

となる．これから $\eta > 0$ のとき $u > 0$ で，$\eta < 0$ のとき $u < 0$ であるから，つまり $\eta > 0$ の場所すなわち水面が上昇している部分では，$u > 0$ で水粒子は x 軸の正方向に動き，$\eta < 0$ の場所すなわち水面が下降している部分では，$u < 0$ で水粒子は x 軸の負の方向に動くことがわかる．ところが，ここで考える波は x 軸の正方向に動く進行波であるから $\eta > 0$ の所では水粒子は波の進行方向に動き，$\eta < 0$ のところでは反対方向に動くことになり，u の大きさは η に比例することがわかる．

同様に，逆行波 $\eta = f(x + ct)$ について計算すると

$$u = -\sqrt{\frac{g}{h}} \eta \tag{8.26}$$

となり，$\eta > 0$ のとき $u < 0$ で，$\eta < 0$ のとき $u > 0$ となる．すなわち，水面の上昇している所では，$u < 0$ で x 軸の負の方向に動き，水面の下降している所では $u > 0$ で x 軸の正方向に動く．したがって，逆行波の進む方向は x 軸の負の方向であるから，進行波の場合と同様に，$\eta > 0$ の所では水粒子は波の進行方向に動き，$\eta < 0$ の所では反対の方向に動く．

8.4 正弦波としての波の性質

実際の海の波は複雑な形をしており，理論的に取り扱い難いので，ここでは波を正弦波形であると考えて取り扱うことにする．正弦波形は波高 H の波が周期 T および波長 L をもって繰り返し現れ，時間的または場所的に決して波形は

変わらない．

浅い海 $\left(\dfrac{1}{2} > \dfrac{h}{L} > \dfrac{1}{20}\right)$ では，波長 L は式 (8.27) により算出できる．

$$L = \frac{gT^2}{2\pi} \tanh \frac{2\pi h}{L} \tag{8.27}$$

また，波速 $c = L/T$ であるから式 (8.28) となる．

$$c = \frac{gT}{2\pi} \tanh \frac{2\pi h}{L} = \sqrt{\frac{gL}{2\pi} \tanh \frac{2\pi h}{L}} \tag{8.28}$$

ここで，h は水深，g は重力加速度である．

深い海 $\left(\dfrac{h}{L} > \dfrac{1}{2}\right)$ では $\tanh \dfrac{2\pi h}{L} \to 1$ であるので

$$L_0 = \frac{gT^2}{2\pi} = 1.56T^2 \quad [\text{m}] \tag{8.29}$$

$$c_0 = \frac{gT}{2\pi} = 1.56T \quad [\text{m/s}] \tag{8.30}$$

となる．すなわち，波長は周期の二乗に，波速は周期に比例する（深い海のときは波長，波速，波高などに 0 をつけて区別している）．

海の波では，周期は深い海でも浅い海でも同じである．

$$L = cT \tag{8.31}$$

$$L_0 = c_0 T \tag{8.32}$$

波長や波速は式 (8.27) および式 (8.28) で示されるように水深によって変化し，深い場所から浅い場所に波が進んでくると，次第に波長は短くなり波速は小さくなる．しかし周期は不変である．

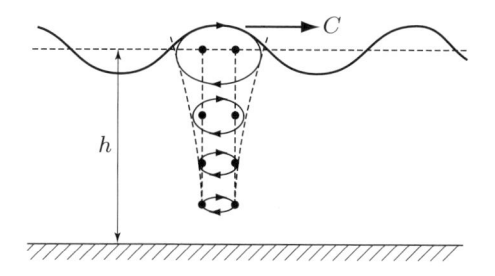

図 8.4

水深が十分に大きく，水深に比べて波長が小さく，波による擾乱がある深さ以下には影響を及ぼさないと考えられる場合を表面波という．水粒子は時計方向にだ円軌道を描く（図 8.4）．

演習問題 8

(1) 長波の式を $y = 2\sin(0.012x - 0.072t)$ としたとき，波の伝わる速度，および水粒子の最大速度を求めよ．ここで，m-s 単位とする．
(2) 平均水深が 4500 m の海洋を伝播する長波の速度を求めよ．
(3) 表面波の式を $\eta = 2\sin(0.31x - 0.524t)$ とすれば，波の振幅，波長，周期を求めよ．ここで，m-s 単位とする．
(4) 三陸沖の地震のときに起こった長波（津波）が約 10 時間後にサンフランシスコへ達した．太平洋の平均水深を 4000 m として津波の伝播速度と波長を求めよ．なお，記録によると津波の周期は $T = 15$ min であった．
(5) 次の文章の空欄を補いなさい．
  (a) 波形が正弦あるいは余弦で表される波を ① といい，この波が振幅を a として $\eta = a\sin(mx - nt)$ で示されるとすると， ② を H， ③ を L，周期を T，波速を c で表して，$H =$ ④ ，$L =$ ⑤ ，$c =$ ⑥ $=$ ⑦ である．
  (b) 振幅，周期および波長が等しく反対方向に伝達する二つの微少振幅波の合成波は $\eta = 2a\cos(nt)\sin(mx)$ と表され，この種の波は伝播せずに振幅 $2a$ をもって上下に振動することがわかる．このような波を ⑧ と呼ぶ．この式から明らかなように $\sin(mx) = \pm 1$ で最大振幅をとり，この点を ⑨ という．また $\sin(mx) = 0$ では常に静水面が保たれ，この点を ⑩ という．
(6) 表面波が遠浅の海浜に来ると，どのような波になるのか説明せよ．

9. 物体に働く流体力

物体が流体中を運動する場合，流体から抵抗や揚力を受ける．流れの中に物体が置かれている場合も同様である．空中を野球のボールやゴルフボールが飛んだり，自動車が走ったり，飛行機が飛んだり，あるいは水中を潜水艦が航行したりする場合，どのようにして流体から物体に力が働くのだろうか．

> 🚩 目標
> 流れの中の物体にどんな力が働くかを知ること．

9.1 抗力と揚力

流れの中に置かれた物体は図 9.1 に示すように流体から合力 R を受ける．力 R は流れに平行な力と垂直な力に分解できる．流れ方向の力 D を **抗力**，流れに垂直な力 L を **揚力** という．

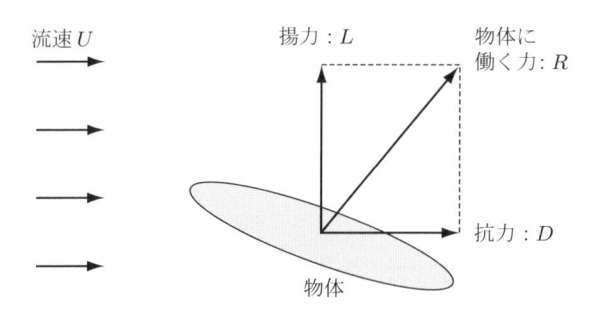

図 **9.1** 一様流中の物体

抗力，揚力は物体表面に働く圧力や摩擦力の分布が，流れの方向に関して物体の前後あるいは上下面で対象でないために生じるものである．

図 9.2 に示す一様流中におかれた物体に働く抗力について考える．図 9.2 において，物体表面の微小面積 dA に作用する流体の圧力を p, dA に垂直な線と一様流れの方向との角度を θ とする．dA に働く圧力 p による力は pdA であり，

第 9 章 物体に働く流体力

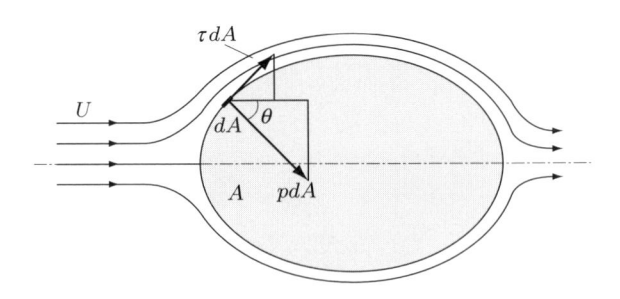

図 9.2 物体に働く力

この力の流れ方向の成分は $pdA\cos\theta$ となる．したがって，圧力による抗力 D_p は流速 U の方向の成分を物体表面に対して積分することによって求まる．

$$D_p = \int_A p\cos\theta dA \tag{9.1}$$

次に，流体の粘性によって dA に働く摩擦力は摩擦応力を τ とすると，τdA であり，面 dA の接線方向に作用する．流れの方向の成分は $\tau dA\sin\theta$ となる．したがって，摩擦力による抗力 D_f は次のようになる．

$$D_f = \int_A \tau\sin\theta \cdot dA \tag{9.2}$$

物体の受ける全抗力を D とすると

$$D = D_p + D_f$$

となる．ここで，D_p を**圧力抗力**，D_f を**摩擦抗力**という．一方，揚力 L は，dA に働く圧力による力の流れに垂直な方向の成分 $-pdA\sin\theta$ を物体表面全体にわたり積分して求められる．

$$L = -\int_A p\sin\theta \cdot dA \tag{9.3}$$

ここで摩擦による力は無視している．

表 9.1　種々の物体の抗力係数

物体	寸法の割合	基準面積 A	抗力係数 C_D
円柱（流れの方向）	$l/d=1$ 2 4 7	$\dfrac{\pi}{4}d^2$	0.91 0.85 0.87 0.99
円柱（流れに直角）	$l/d=1$ 2 5 10 40 ∞	dl	0.63 0.68 0.74 0.82 0.98 1.20
長方形板（流れに直角）	$a/b=1$ 2 4 10 18 ∞	ab	1.12 1.15 1.19 1.29 1.40 2.01
半球（底なし）	I（凸） II（凹）	$\dfrac{\pi}{4}d^2$	0.34 1.33
円すい	$a=60°$ $a=30°$	$\dfrac{\pi}{4}d^2$	0.51 0.34
		$\dfrac{\pi}{4}d^2$	1.2
一般車		正面投影面積	0.28 〜 0.37

出典：中山泰喜『改訂版流体の力学』（株）養賢堂

9.2 抗力係数と揚力係数

抗力，揚力は流れのレイノルズ数や物体表面の滑粗によっても大きく変わるので，理論的に予測することはかなり難しい．そこで，物体に作用する抗力，揚力は実験的に求められた無次元量の**抗力係数** C_D，**揚力係数** C_L を用いた次式で求めることになる．

物体に作用する抗力 D，揚力 L は，流れの動圧 $\rho U^2/2$ と物体の基準面積 A との積に比例することから次式で求められる．

$$D = C_D \frac{\rho}{2} U^2 A \tag{9.4}$$

$$L = C_L \frac{\rho}{2} U^2 A \tag{9.5}$$

物体の基準面積 A は流れに垂直な平面への投影面積を用いる．C_D，C_L はそれぞれ物体形状，表面の粗さとレイノルズ数によって定まる値である．

種々の形の物体の C_D の値を表 9.1 に示す．

表 9.2 に形状の違いによる D_p と D_f の比率を示す．

表 9.2 形状の違いによる D_p と D_f の比率

形　　状	圧力抗力 D_p (%)	摩擦抗力 D_f (%)
(細長い平板)	0	100
(流線形物体)	≈ 10	≈ 90
(円柱)	≈ 90	≈ 10
(凹形)	100	0

出典：中山泰喜『改訂版流体の力学』(株) 養賢堂

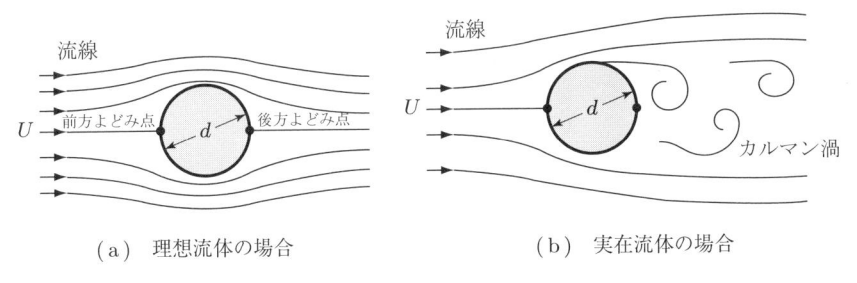

9.3 円柱まわりの流れ

物体まわりの流れの代表例として，円柱まわりの流れを考える．まず，理想流体と実在流体における流れの相違を図 9.3 に示す．

図 9.3(a) の理想流体の場合には，流線および圧力分布は上流と下流とで対称になる．

これに対して図 9.3(b) の実在流体では上流と下流とで対称とはならず，物体は抗力を受ける．多くの場合，流れのはく離が起こり，その後方に大きな渦を伴った複雑な流れができる．とくに，交互非対称に周期的な渦が発生し，次々に下流に流れていく場合があり，これを**カルマン渦列**という．

カルマン渦が発生する過程は以下のように考えられる．図 9.4 に示す曲面に沿う流れにおいては，壁から遠い部分の流れは速度が大きく，下流側の高い圧

(a) 理想流体の場合 (b) 実在流体の場合

図 **9.3** 円柱まわりの流れ

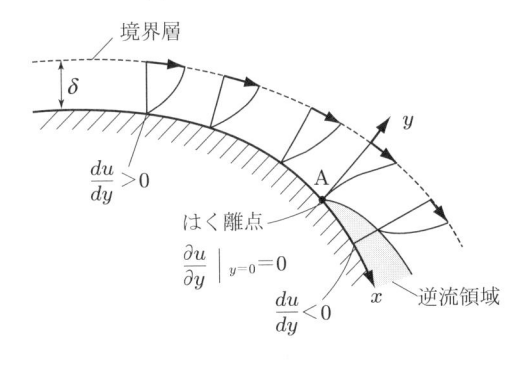

図 **9.4**

力に打ち勝って下流へ進むことができる．しかし，壁近くの流速の小さい流れは圧力に負け下流へ到達できない．流れの上流より A 点までは，圧力こう配は負 ($dp/dx < 0$) となり，速度は増加 ($du/dx > 0$) する．物体表面で $du/dy = 0$ となる点が生じ，流れは物体表面からはがれてしまう．このような現象をはく離といい，流れのはがれる点をはく離点という．はく離点より下流域では逆流となる（図 9.4）．

9.4 カルマン渦列

物体まわりの流れでは境界層がはく離し，交互非対称に周期的に渦が発生し，次々と下流に流れていく場合があり，これを**カルマン渦列**という（図 9.3 (b)）．

テイラー（Taylor, G.I.）は 1 秒ごとに物体から離れる渦の数，すなわち渦の発生周波数 f を次の式で与えた．

$$f = 0.20 \frac{U}{d} \left(1 - \frac{21.0}{Re} \right)$$

ここに，U は一様流の流速，d は円柱の直径，レイノルズ数 $Re = Ud/\nu$ である．

fd/U をストローハル数 St と呼び，周期的に変動する非定常流で，非定常性の強さを示すパラメータである．カルマン渦の発生によって物体は周期的な力を受け，その結果，振動して音を発生する．電線が風に鳴る現象がこれに相当する．ストローハル数は物体形状とレイノルズ数によって定まるが，一般にレイノルズ数の広い範囲でほぼ一定値となる．

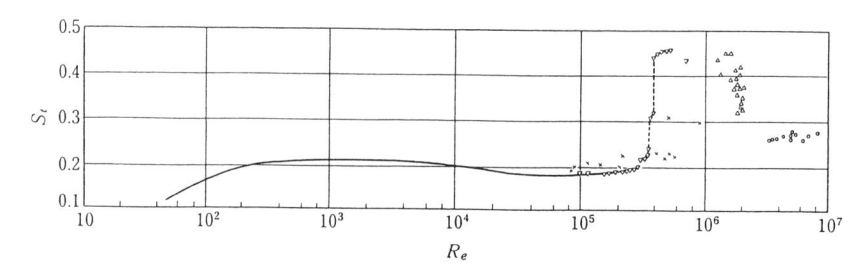

図 9.5 円柱のストローハル数

[機械工学便覧 新版 A5 編 流体工学，p.A5-99]

例として，円柱まわりの流れのストローハル数を図 9.5 に示す．ここで，円柱直径 d を代表長さとして，

$$St = fd/U \quad Re = Ud/\nu$$

である．

$Re = 10^3 \sim 2 \times 10^5$ のとき，$St = 0.18 \sim 0.21$ とほぼ一定値になる

9.5 円柱の抗力

円柱が図 9.6 に示すように，一様な流速 U，圧力 p_∞ の理想流体の流れの中に置かれた場合を調べる．

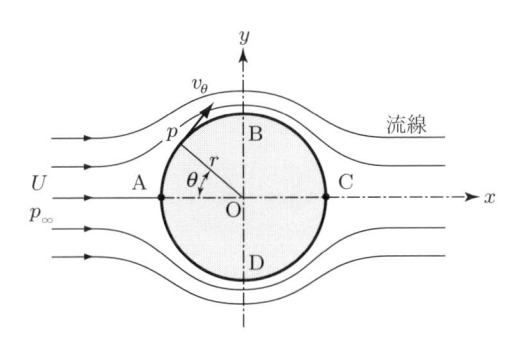

図 9.6 円柱まわりの流れ

点 A で流れの速度は 0 となる．ここで流れは上下に分岐して点 B，点 D を経て点 C で合流後，下流へ流れていく．点 A と点 C は速度が 0 となる点で，よどみ点という．円柱表面の任意の点における流速 v_θ は

$$v_\theta = 2U \sin \theta \tag{9.6}$$

となる．

平行流れの圧力を p_∞，円柱表面の任意の点の圧力を p とすると，次のベルヌーイの式が成り立つ．

$$p_\infty + \frac{\rho U^2}{2} = p + \frac{\rho v_\theta^2}{2}$$

$$p - p_\infty = \frac{\rho(U^2 - v_\theta{}^2)}{2} = \frac{\rho U^2}{2}(1 - 4\sin^2\theta)$$

$$\frac{p - p_\infty}{\rho U^2/2} = 1 - 4\sin^2\theta \tag{9.7}$$

いま，

$$C_p = \frac{p - p_\infty}{\rho U^2/2}$$

とおくとき，この C_p を圧力係数と呼ぶ．理想流体の流れでは理論的に式 (9.7) のように

$$C_p = 1 - 4\sin^2\theta$$

で与えられる．

図 9.7 は理想流体と粘性流体における円柱まわりの圧力係数と角度 θ との関係を示している．

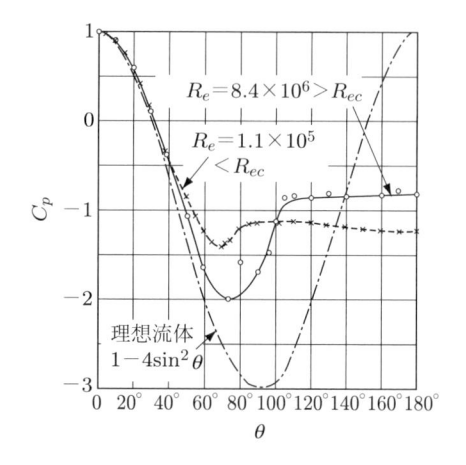

図 9.7 円柱まわりの圧力分布

[機械工学便覧　新版　A5 編　流体工学，p.A5-97]

理想流体の場合の圧力分布は，流れに直角な中心線に対して左右対称となる．したがって，この圧力分布を積分して得られる圧力抵抗は 0 となり，円柱には

何の力も作用しないということになる．この現象は実際の流れと矛盾するもので，抗力が0になることをダランベールのパラドックス（背理）という．

演習問題9

(1) 速さ $6\,\mathrm{m/s}$ の一様な水流中に，直径 $5\,\mathrm{cm}$，長さ $2\,\mathrm{m}$ の円柱を流れの方向に対して軸を直角にして入れるとき，抗力の大きさはどれほどか．ただし，抗力係数 $C_D = 0.98$ とし，水の密度を $1.0\,[\mathrm{g/cm^3}]$ として計算せよ．

(2) 半径 $0.5\,\mathrm{m}$，長さ $40\,\mathrm{m}$ の円柱状橋脚が3本，流速 $1.5\,\mathrm{m/s}$ の潮流の中に立っている．この橋脚に働く流れの力を求めよ．なお，海水の動粘性係数は $1.31 \times 10^{-6}\,[\mathrm{m^2/s}]$ とし，密度は水の1.03倍とする（抵抗係数 C_D は次の問図9.1を参照）．

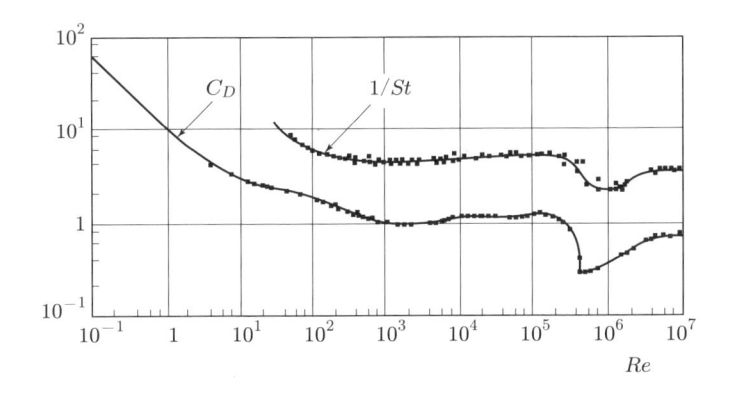

問図 9.1

［豊倉，亀本（1976），流体力学，実務出版，p.233，図8.21 より］

(3) 高度 $10000\,\mathrm{m}$ の上空を時速 $900\,\mathrm{km/h}$ で水平飛行している大型旅客機に作用している揚力と抗力を求めよ．ただし，主翼の面積が $500\,\mathrm{m^2}$，揚力係数は0.8，抗力係数は0.02，空気の密度は $0.4\,\mathrm{kg/m^3}$ とする．

演習問題解答

1 章

(1) 密度 ρ は，体積 V と質量 m との間に $\rho = \dfrac{m}{V}$ の関係がある．

水の質量 m は，水の密度 $\rho_w = 1000\,\mathrm{kg/m^3}$ であるから

$$m = \rho_w V = 1000\,[\mathrm{kg/m^3}] \times 1\,[\mathrm{m^3}] = 1000\,\mathrm{kg}$$

比重 s は $s = \dfrac{\rho}{\rho_w} = \dfrac{1000}{1000} = 1$

重さ W は質量 m に作用する重力の加速度 g による力であるから

$$W = mg = 1000\,[\mathrm{kg}] \times 9.8\,[\mathrm{m/s^2}] = 9.8 \times 10^3\,[\mathrm{kg \cdot m/s^2}] = 9.8\,\mathrm{kN}$$

となる．なお，重量単位系では，$1000\,\mathrm{kgf}$ となる．

(2) 水温 15 ℃の密度と表面張力は，それぞれ $\rho = 999.1\,\mathrm{kg/m^3}$，$T = 0.07348\,\mathrm{N/m}$ （P106, 107 参照）であるから，

$$h = \frac{4T\cos\theta}{\rho g d} = \frac{4 \times 0.07348 \times \cos 8°}{999.1 \times 9.8 \times 0.004} = 0.0074\,\mathrm{m} = 7.4\,\mathrm{mm}$$

(3) 比重 s と密度 ρ の関係は $\rho = s\rho_w$，また比体積 V と ρ との関係は $V = 1/\rho$ であるから比重 $s = 13.6$，水の密度 $\rho_w = 1000\,\mathrm{kg/m^3}$ を代入すると，密度は

$$\rho = s\rho_w = 13.6 \times 1000 = 13600\,\mathrm{kg/m^3}$$

また比体積は

$$V = \frac{1}{\rho} = \frac{1}{13600} = 7.35 \times 10^{-5}\,\mathrm{m^3/kg}$$

(4) $h = \dfrac{4T\cos\theta}{\rho g d} = \dfrac{4 \times 7.27 \times 10^{-2} \times 10^5/10^2\,[\mathrm{dyn/cm}] \times \cos 5°}{0.995\,[\mathrm{g/cm^3}] \times 980\,[\mathrm{cm/s^2}] \times 0.3\,[\mathrm{cm}]}$

であるから，ガラス管内の水面は $0.99\,[\mathrm{cm}]$ 上昇する．
SI 単位系で求めると

$$h = \frac{4 \times 7.27 \times 10^{-2}\,[\mathrm{N/m}] \times \cos 5°}{0.995 \times 10^{-3}/10^{-6}\,[\mathrm{kg/m^3}] \times 9.8\,[\mathrm{m/s^2}] \times 3.0 \times 10^{-3}\,[\mathrm{m}]} = 9.9 \times 10^{-3}\,[\mathrm{m}]$$

2 章

(1) ① SI 単位系

$$p = \rho g h = \gamma \rho_0 g h = 1.025 \times 1000 \times 9.8 \times 1000$$
$$= 10.045 \times 10^6 \,\text{kg} \cdot \text{m/s}^2/\text{m}^2 = 10045000\,\text{Pa} = 10045\,\text{kPa}$$

② 重力単位系

$$p = \omega h = \gamma \omega_0 h = 1.025 \times 1000 \times 1000 = 1025000\,\text{kgf/m}^2$$

(2) 基準線における力のつり合いを考える．

$$p_a + \rho_0 g H_1 = p_b + \rho g H_2 + \rho_0 g (H_3 - H_2)$$
$$= p_b + \gamma \rho_0 g H_2 + \rho_0 g (H_3 - H_2)$$
$$p_a - p_b = \gamma \rho_0 g H_2 + \rho_0 g (H_3 - H_2 - H_1)$$
$$= \rho_0 g (\gamma \cdot H_2 + H_3 - H_2 - H_1)$$
$$= 1000 \times 9.8 (13.6 \times 0.8 + 1.2 - 0.8 - 0.12)$$
$$= 109368\,\text{Pa} = 109.368\,\text{kPa}$$

(3) $\dfrac{P_1}{A_1} = \dfrac{W}{A_2}$ より

$$P_1 = \frac{A_1}{A_2} W = \frac{\pi D_1{}^2/4}{\pi D_2{}^2/4} \times W = \left(\frac{0.05}{0.3}\right)^2 \times 60 = 1.67\,\text{kN}$$

(4) 床面での圧力は左右で等しい．

$$\frac{W_a}{A} + \rho g H_a = \frac{W_b}{B} + \rho g H_b$$
$$A = \frac{\pi D_a{}^2}{4}, \quad B = \frac{\pi D_b{}^2}{4}, \quad \rho = \gamma \rho_0$$
$$W_b = \frac{\pi D_b{}^2}{4}\left[\gamma g \rho_0 (H_a - H_b) + \frac{W_a}{\pi D_a{}^2/4}\right]$$
$$= \frac{\pi 0.3^2}{4}\left[0.7 g 1000\,(0.2 - 4) + \frac{900}{\pi 0.02^2/4}\right]$$
$$= 200.7\,\text{kN}$$

(5) $$P_1 = \frac{\rho g h_1{}^2}{2} = \frac{1000 g 6^2}{2} = 176400\,\text{N},$$
$$P_2 = \frac{\rho g h_2{}^2}{2} = \frac{1000 g 4^2}{2} = 78400\,\text{N}$$

$$\therefore \quad P = P_1 - P_2 = 98000\,\text{N}$$

$$h_{c1} = \frac{h_1}{3} = \frac{6}{3} = 2\,\text{m}, \quad h_{c2} = \frac{h_2}{3} = \frac{4}{3} = 1.3\,\text{m}$$

ゲートの下端でモーメントを考える．

$$P_1 \cdot h_{c1} = P \cdot h_c + P_2 \cdot h_{c2}$$

$$h_c = \frac{P_1 \cdot h_{c1} - P_2 \cdot h_{c2}}{P} = \frac{176400 \times 2 - 78400 \times 1.3}{98000} = 2.56\,\text{m}$$

(6) BC 面にかかる圧力 P_1 とその作用位置 h_{c1} を求める．

$$h_G = \left(h_1 + \frac{h_2 + h_3}{2}\right) = \left(2 + \frac{1 + 0.5}{2}\right) = 2.75\,\text{m},$$

面積 $A = (h_2 + h_3) \times 1 = (1 + 0.5) \times 1 = 1.5\,\text{m}^2$

$$P_1 = \rho g h_G A = 1000 \times 9.8 \times 2.75 \times 1.5 = 40425\,\text{N} = 40.425\,\text{kN}$$

水面からの作用位置 h_c は

$$h_c = \frac{1}{h_G A} \int_2^{3.5} b y^2 dy = \frac{1}{2.75 \times 1.5}\left[\frac{1}{3}y^3\right]_2^{3.5} = 2.82\,\text{m}$$

よって

$$h_{c1} = h_1 + h_2 + h_3 - h_c = 2 + 1 + 0.5 - 2.82 = 0.68\,\text{m}$$

BC の裏面にかかる圧力 P_2 と作用位置 h_{c2} を求める．

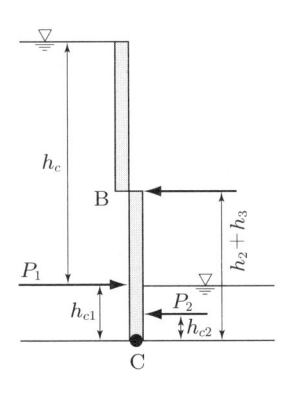

解図 **2.1**

$$h_G = \frac{h_3}{2} = \frac{0.5}{2} = 0.25\,\mathrm{m} \qquad 面積\ A = h_3 \times 1 = 0.5 \times 1 = 0.5\,\mathrm{m}^2,$$

$$h_{c2} = h_3 - \frac{1}{h_G A}\int_0^{0.5} by^2 dy = \frac{1}{0.25 \times 0.5}\left[\frac{1}{3}y^3\right]_0^{0.5} = 0.167\,\mathrm{m}$$

または,

$$h_{c2} = \frac{h_3}{3} = \frac{0.5}{3} = 0.167\,\mathrm{m}$$

$$P_2 = \rho g h_G A = 1000g \times 0.25 \times 0.5 = 1225\,\mathrm{N} = 1.225\,\mathrm{kN}$$

C 点でのモーメントのつり合いより

$$P_1 \times h_{c1} = P \times (h_2 + h_3) + P_2 \times h_{c2}$$

$$P = \frac{P_1 \times h_{c1} - P_2 \times h_{c2}}{h_2 + h_3} = \frac{40425 \times 0.68 - 1225 \times 0.167}{1 + 0.5}$$

$$= 18190\,\mathrm{N} = 18.2\,\mathrm{kN}$$

(7) 浮力＝重さ：空中部分の体積 $V_1 = 1000\,\mathrm{m}^3$ とすると

$$1.025\rho g(V - V_1) = 0.92\rho g V$$

$$V = \frac{1.025 V_1}{1.025 - 0.92} = \frac{1.025 \times 1000}{1.025 - 0.92} = 9762\,\mathrm{m}^3$$

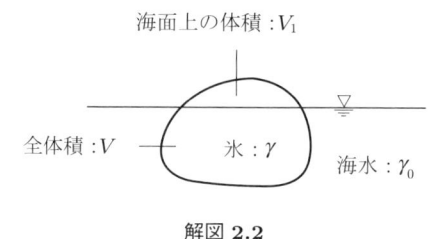

解図 2.2

(8) 浮力＝物体の重量.
水中部分の深さが吃水であるからアルキメデスの原理から浮力を求める．

$$BLh\rho g = BLH_1 \rho g \gamma_1 + BLH_2 \rho g \gamma_2 = BL\rho g(H_1 \gamma_1 + H_2 \gamma_2)$$

$$h = H_1 \cdot \gamma_1 + H_2 \cdot \gamma_2 = 1.3\,\mathrm{m}$$

3章

(1) 限界レイノルズ数：$Re_c = \dfrac{V_c \cdot d}{\nu}$ であるから $V_c = \dfrac{Re_e \cdot \nu}{d} = 4.62 \times 10^{-2}\,\text{m/s}$

断面平均流速が $4.6 \times 10^{-2}\,\text{m/s}$ 以下であれば層流となる．

(2)
$$u = u_{\max}\dfrac{a^2 - y^2}{a^2} = 0.5\left(1 - \dfrac{y^2}{0.025^2}\right)$$

$$\tau = \mu\dfrac{du}{dy} = 1.002 \times 10^{-3} \times 0.5\left(-\dfrac{2y}{0.025^2}\right)$$

$y = 0.025$ を上式に代入すると

$$\tau_0 = 1.002 \times 10^{-3}\left(-\dfrac{y}{0.025^2}\right) = -40.08 \times 10^{-3}\,[\text{N/m}^2]$$

または $y = -0.025$ のとき，$\tau_0 = 40.08 \times 10^{-3}\,[\text{N/m}^2]$

(3) 求める管の内径を d とすると

$$-\dfrac{dp}{dx}\dfrac{\pi D^4}{128\mu} \times 2 = -\dfrac{dp}{dx} \cdot \dfrac{\pi d^4}{128\mu}$$

$$D^4 \cdot 2 = d^4$$

$$d = 2^{\frac{1}{4}} \cdot D = 1.19 D$$

(4) 限界レイノルズ数は，$Re_c = \dfrac{dV}{\nu}$ であるから，限界流速 V_c は次式となる．

$$V_c = \dfrac{Re_c \nu}{d} = \dfrac{2000 \times 0.01}{25} = 0.8\,\text{cm/s}$$

限界流量（最大流量）は

$$Q = AV_c = \dfrac{25^2 \times \pi}{4} \times 0.8 = 393\,\text{cm}^3/\text{s} = 0.393\,\ell/\text{s}$$

4章

(1)
$$Q = A_a V_a = \dfrac{0.6^2 \times \pi}{4} \times 1.5 = 0.424\,\text{m}^3/\text{s}$$

$$V_b = \dfrac{Q}{A_b} = \dfrac{0.424}{\dfrac{0.3^2}{4}\pi} = 6\,\text{m/s}$$

A，B 点にベルヌーイ式を適用する．

$$\frac{V_a{}^2}{2g} + \frac{p_a}{\rho g} + Z_a = \frac{V_b{}^2}{2g} + \frac{p_b}{\rho g} + Z_b$$

ここで $Z_a = Z_b$ である.

$$\frac{p_b}{\rho g} = \frac{V_a{}^2}{2g} + \frac{p_a}{\rho g} - \frac{V_b{}^2}{2g} = \frac{1.5^2}{2g} + \frac{20 \times 1000}{1000 \times g} - \frac{6^2}{2g} = 0.319\,\mathrm{m}$$

$$p_b = \rho g \times 0.319 = 1000 \times g \times 0.319 = 3125\,\mathrm{Pa}$$

(2) ① 水面 A とオリフィスから流出する点 B についてベルヌーイ式を適用する.

$$\frac{V_a{}^2}{2g} + \frac{p_a}{\rho g} + Z_a = \frac{V_b{}^2}{2g} + \frac{p_b}{\rho g} + Z_b$$

ここで,$V_a = 0$,$P_a = P_b = 0$(大気圧),$V_b = V$,$Z_a - Z_b = h$ であることから

$$\frac{0}{2g} + \frac{0}{\rho g} + h = \frac{V^2}{2g} + \frac{0}{\rho g} + 0$$

$$h = \frac{V^2}{2g} \qquad V = \sqrt{2gh}$$

$$Q = AV = \frac{D^2 \pi}{4} \times \sqrt{2gh}$$

一般に流出係数 C を用いて次式となる.

$$Q = CAV = C\frac{\pi D^2}{4}\sqrt{2gh}$$

② $Q = C\dfrac{D^2 \pi}{4} \times \sqrt{2gh} = 0.6 \times \dfrac{0.06^2 \times \pi}{4} \times \sqrt{2 \times g \times 0.4}$

$\qquad = 0.00475\,\mathrm{m^3/s} = 4.75\,l/\mathrm{s}$

(3) $V = \sqrt{2gh} = \sqrt{2 \times g \times 0.05} = 1\,\mathrm{m/s}$

(4) A,B 点でベルヌーイ式を適用する.

$$\frac{V_a{}^2}{2g} + \frac{p_a}{\rho g} + Z_a = \frac{V_b{}^2}{2g} + \frac{p_b}{\rho g} + Z_b$$

ここで $Z_a = Z_b$

連続式より $\quad Q = \dfrac{\pi D_1{}^2}{4}V_a = \dfrac{\pi D_1{}^2}{4}V_b$ であるから,$V_a = \dfrac{D_2{}^2}{D_1{}^2}V_b$

$$\frac{p_a}{\rho g} - \frac{p_b}{\rho g} = \frac{V_b{}^2}{2g} - \frac{V_a{}^2}{2g} = \frac{V_b{}^2}{2g}\left(1 - \frac{D_2{}^4}{D_1{}^4}\right) \cdots (1)$$

圧力差 $P_a - P_b$ は $\rho g h$ であるので (1) より

$$\frac{\rho g h}{\rho g} = \frac{V_b{}^2}{2g}\left(1 - \frac{D_2{}^4}{D_1{}^4}\right)$$

$$V_b = \sqrt{\frac{2gh}{1 - \dfrac{D_2{}^4}{D_1{}^4}}} = \sqrt{\frac{2 \times 9.8 \times 0.9}{1 - \dfrac{0.2^4}{0.4^4}}} = 4.34\,\mathrm{m/s}$$

$$Q = \frac{\pi D_2{}^2}{4}V_b = \frac{\pi D_2{}^2}{4}\sqrt{\frac{2gh}{1 - \dfrac{D_2{}^4}{D_1{}^4}}} = \frac{\pi 0.2^2}{4} \cdot 4.34$$

$$= 0.136\,\mathrm{m^3/s}$$

(5) $\quad Q = AV = \dfrac{\pi \times 0.04^2}{4} \times 4 = 0.005\,\mathrm{m^3/s}$

$\quad F = \rho Q V = 1000 \times 0.005 \times 4 = 20\,\mathrm{N}$

(6) $\quad Q = 1 \times 10^4\,\mathrm{cm^3/s} = 0.01\,\mathrm{m^3/s}$

$\quad \rho = 1000/9.8 = 102.04\,\mathrm{kgf \cdot s^2/m^4}$

$\quad F = \rho Q V \sin\theta = 102.04 \times 0.01 \times 5 \times \sin 60° = 4.42\,\mathrm{kgf}$

5 章

(1) 式 (5.6) において，静止流体であるから $u = v = \omega = 0$ を代入すると

$$X - \frac{1}{\rho}\frac{\partial p}{\partial x} = 0, \quad Y - \frac{1}{\rho}\frac{\partial p}{\partial y} = 0, \quad Z - \frac{1}{\rho}\frac{\partial p}{\partial z} = 0$$

また，$dp = \dfrac{\partial p}{\partial x}dx + \dfrac{\partial p}{\partial y}dy + \dfrac{\partial p}{\partial z}dz$ であるから

$$dp = \rho X dx + \rho Y dy + \rho Z dz$$

となる．ここで静止流体であるから質量力は，$X = Y = 0, Z = -g$ である．よって

$$dp = -\rho g dz \quad \therefore \quad p = -\rho g z + c$$

いま，$z = 0$ で大気圧 p_0 とすると

$\quad C = p_0$

$\quad p = p_0 - \rho g z$

p は，静水圧分布となる．

(2) 連続式より　　$v = -\dfrac{Ax}{x^2 + y^2}$

(3)　　　　　　　$xy = c$

(4)　　　　$\dfrac{\partial p}{\partial x} = -\rho \dfrac{Du}{Dt} = -\dfrac{w_0}{g} \dfrac{Du}{Dt} = -\dfrac{1000\,\text{kgf/m}^3}{9.8\,\text{m/s}^2} \times 1.0\,\text{m/s}^2$

$\qquad\qquad = -102.0\,\text{kgf/m}^2/\text{m}$

(5)　　　　$\dfrac{Du}{Dt} = \dfrac{2s}{t^2}$

6 章

(1) 流量の式から断面平均流速を求める．

$$Q = AV$$

$$V = \dfrac{Q}{A} = \dfrac{200 \times 10^{-3}}{\dfrac{0.4^2 \times \pi}{4}} = 1.59\,\text{m/s}$$

ダルシー－ワイズバッハ式を適用

$$h_f = f \dfrac{L}{D} \dfrac{V^2}{2g} = 0.035 \times \dfrac{420}{0.4} \times \dfrac{1.59^2}{2g} = 4.75\,\text{m}$$

(2) 直径 d の管路が 2 本の場合：$Q = 2\dfrac{\pi d^2}{4} V_1$　　$h_f = f \dfrac{L}{d} \dfrac{V_1^2}{2g}$

直径 D の管路が 1 本の場合：$Q = \dfrac{\pi D^2}{4} V_2$　　$h_f = f \dfrac{L}{D} \dfrac{V_2^2}{2g}$

また，損失水頭は両者で等しいので V_1 と V_2 は，

$$V_1 = \sqrt{\dfrac{2gh_f}{f\dfrac{L}{d}}} \qquad V_2 = \sqrt{\dfrac{2gh_f}{f\dfrac{L}{D}}} \qquad \text{となる．}$$

両式において，Q は等しいので

$$Q = 2\dfrac{\pi d^2}{4} V_1 = \dfrac{\pi D^2}{4} V_2 \qquad \text{よって}$$

$$Q = \dfrac{2\pi d^2}{4} \sqrt{\dfrac{2ghf}{f\dfrac{L}{d}}} = \dfrac{\pi D^2}{4} \sqrt{\dfrac{2ghf}{f\dfrac{L}{D}}},$$

$$2d^2\sqrt{d} = D^2\sqrt{D}, \quad 2d^{\frac{5}{2}} = D^{\frac{5}{2}}, \quad D = d2^{\frac{2}{5}} = 1.32d$$

(3) 損失を考慮したベルヌーイの式より

$$\frac{V_1{}^2}{2g} + \frac{p_1}{\rho g} + Z_1 = \frac{V_2{}^2}{2g} + \frac{p_2}{\rho g} + Z_2 + h_f$$

$Z_1 = Z_2, \ V_1 = V_2$ より

$$h_f = \frac{p_1}{\rho g} - \frac{p_2}{\rho g} = \frac{(454 - 430) \times 1000}{1000 \times 9.8} = 2.5\,\mathrm{m}$$

(4) 水面 A と出口 B で損失を考慮したベルヌーイ式を適用する．

$$\frac{V_a{}^2}{2g} + \frac{p_a}{\rho g} + Z_a = \frac{V_b{}^2}{2g} + \frac{p_b}{\rho g} + Z_a + h_f$$

ここで，$V_a = 0, \ p_a = p_b = p_0 = $ 大気圧，$V_b = V, \ Z_a - Z_b = h$ である．また $h_f = f\dfrac{L}{D}\dfrac{V^2}{2g}$ であるから

$$h = \frac{V_b{}^2}{2g}\left(1 + f\frac{L}{D}\right)$$

$$V = \sqrt{\frac{2gh}{1 + f\dfrac{L}{D}}} = 4.43\,\mathrm{m/s}$$

$$Q = AV = 0.078\,\mathrm{m^3/s}$$

(5) 流量 $Q = AV$ より断面平均流速を求める．

$$V = \frac{Q}{A} = \frac{2.36/1000}{\dfrac{0.05^2}{4}\pi} = 1.2\,\mathrm{m/s}$$

摩擦損失水頭はダルシー－ワイズバッハ式が適用できる．

$$h_f = f\frac{L}{D}\frac{V^2}{2g} \quad \therefore \quad f = h_f\frac{D}{L}\frac{2g}{V^2} = 0.068 \times \frac{0.05 \times 2 \times g}{1 \times 1.2^2} = 0.046$$

(6) 管の摩擦損失係数を求めるために流れが層流であるか乱流かを判別する．

$$Re = \frac{DV}{\nu} = \frac{0.02 \times 0.045}{0.01 \times 10^{-4}} = 900 < 2000 \quad 層流であるから$$

$$f = \frac{64}{Re} = \frac{64}{900} = 0.071$$

$$h_f = f\frac{L}{D}\frac{V^2}{2g} = 0.071\frac{40}{0.02}\frac{0.045^2}{2g} = 0.015\,\text{m}$$

(7) ① 全水頭 H は，各損失水頭の合計であるから次式となる．

$$H = f_i\frac{V_1{}^2}{2g} + f_1\frac{L_1}{D_1}\frac{V_1{}^2}{2g} + f_c\frac{V_2{}^2}{2g} + 2f_b\frac{V_2{}^2}{2g} + f_v\frac{V_2{}^2}{2g} + f_o\frac{V_2{}^2}{2g}$$

$$+ f_2\frac{L_2 + L_3 + L_4 + L_5}{D_2}\frac{V_2{}^2}{2g}$$

上式に連続式：$\dfrac{\pi D_1{}^2}{4}V_1 = \dfrac{\pi D_2{}^2}{4}V_2$，$V_1 = \dfrac{D_2{}^2}{D_1{}^2}V_2$ を代入し，V_2 で整理する．

$$H = \frac{V_2{}^2}{2g}\left[f_i\frac{D_2{}^4}{D_1{}^4} + f_1\frac{L_1}{D_1}\frac{D_2{}^4}{D_2{}^4} + f_c + 2f_b + f_v + f_o\right.$$

$$\left. + f_2\frac{L_2 + L_3 + L_4 + L_5}{D_2}\right]$$

よって

$$V_2 = \sqrt{\frac{2gH}{f_i\dfrac{D_2{}^4}{D_1{}^4} + f_1\dfrac{L_1}{D_1}\dfrac{D_2{}^4}{D_2{}^4} + f_c + 2f_b + f_v + f_o + f_2\dfrac{L_2 + L_3 + L_4 + L_5}{D_2}}}$$

$$= 1.908\,\text{m/s}$$

② 連続式より

$$V_1 = \frac{D_2{}^2}{D_1{}^2}V_2 = \frac{0.3^2}{0.45^2}1.908 = 0.848\,\text{m/s}$$

③ $Q = \dfrac{\pi D_2{}^2}{4}V_2 = \dfrac{\pi 0.3^2}{4}1.908 = 0.135\,\text{m}^3/\text{s}$

④ 解図 6.1 参照． (a) $f_i\dfrac{V_1{}^2}{2g} = 0.5 \times \dfrac{0.848^2}{2\times 9.8} = 0.018\,\text{m}$

(b) の上　$0.022 + f_1\dfrac{L_1}{D_1}\dfrac{V_1{}^2}{2g} = 0.018 + 0.035\times\dfrac{200}{0.45}\times\dfrac{0.848^2}{2\times 9.8} = 0.589\,\text{m}$

(b) の下　$0.589 + f_c\dfrac{V_2{}^2}{2g} = 0.589 + 0.6\times\dfrac{1.908^2}{2\times 9.8} = 0.700\,\text{m}$

(c) の上　$0.700 + f_2\dfrac{L_2}{D_2}\dfrac{V_2{}^2}{2g} = 0.700 + 0.05\times\dfrac{200}{0.3}\times\dfrac{1.908^2}{2\times 9.8} = 6.891\,\text{m}$

(c) の下　$6.891 + 2f_b\dfrac{V_2{}^2}{2g} + f_2\dfrac{L_3}{D_2}\dfrac{V_2{}^2}{2g} = 6.891 + 2\times 0.2\times\dfrac{1.908^2}{2\times 9.8}$

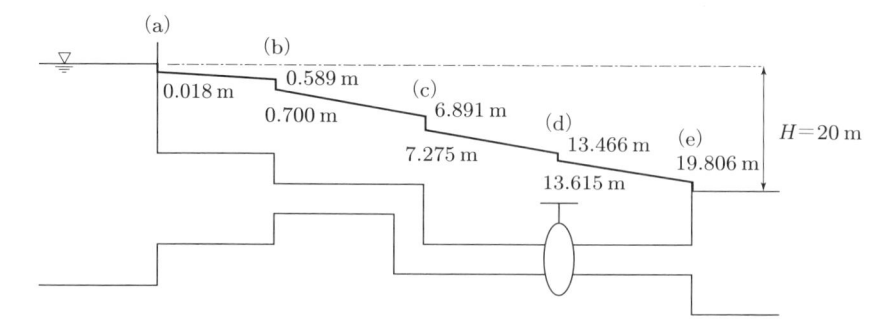

解図 6.1

$$+0.05 \times \frac{10}{0.3} \times \frac{1.908^2}{2 \times 9.8} = 7.275\,\text{m}$$

(d) の上 $7.275 + f_2 \dfrac{L_4}{D_2} \dfrac{V_2{}^2}{2g} = 7.275 + 0.05 \times \dfrac{200}{0.3} \times \dfrac{1.908^2}{2 \times 9.8} = 13.466\,\text{m}$

(d) の下 $13.466 + f_v \dfrac{V_2{}^2}{2g} = 13.466 + 0.8 \times \dfrac{1.908^2}{2 \times 9.8} = 13.615\,\text{m}$

(e) の上 $13.615 + f_2 \dfrac{L_5}{D_5} \dfrac{V_2{}^2}{2g} 13.615 + 0.05 \times \dfrac{200}{0.3} \times \dfrac{1.908^2}{2 \times 9.8} = 19.806\,\text{m}$

$19.806 + f_0 \dfrac{V_2{}^2}{2g} = 19.806 + 1.0 \times \dfrac{1.908^2}{2 \times 9.8} = 19.999 = 20\,\text{m} = H$

7章

(1) ① 径深 R を求める． $R = \dfrac{A}{S}$ であるから

$$A = \frac{h \cdot L_1}{2} + h \cdot L_2 + \frac{h \cdot L_3}{2} = h\left(\frac{L_1}{2} + L_2 + \frac{L_3}{2}\right) = 2(1 + 2 + 1) = 8\,\text{m}^2$$

$$S = \sqrt{L1^2 + h^2} + L2 + \sqrt{L3^2 + h^2} = \sqrt{2^2 + 2^2} + 2 + \sqrt{2^2 + 2^2} = 7.66\,\text{m}$$

$\therefore R = \dfrac{A}{S} = \dfrac{8}{7.66} = 1.04\,\text{m}$

シェジー式より $V = C\sqrt{RI} = 45\sqrt{1.04 \times 0.001} = 1.45\,\text{m/s}$

$\therefore Q = AV = 8 \times 1.45 = 11.6\,\text{m}^3/\text{s}$

② マニング式より $V = \dfrac{1}{n} R^{\frac{2}{3}} I^{\frac{1}{2}} = \dfrac{1}{0.022} \cdot 1.04^{\frac{2}{3}} \cdot 0.001^{\frac{1}{2}} = 1.48\,\text{m/s}$

$\therefore Q = AV = 8 \times 1.48 = 11.84\,\text{m}^3/\text{s}$

(2) $V = \dfrac{Q}{A} = \dfrac{Q}{Bh} = \dfrac{5}{12 \times 0.6} = 0.69\,\text{m/s}$

$Fr = \dfrac{V}{\sqrt{gh}} = \dfrac{0.69}{\sqrt{g \cdot 0.6}} = 0.28$

フルード数が 1 より小さいので常流.

(3) 水路幅 B の広い場合の径深 R は,$R = \dfrac{Bh}{B+2H} = \dfrac{h}{1+\dfrac{2h}{B}} \fallingdotseq h$ である.

等流水深はマニング式が成り立つときの流速と水深の関係であるから

$$V = \dfrac{Q}{A} = \dfrac{Q}{Bh_0} = \dfrac{1}{n} h_0^{\frac{2}{3}} I^{\frac{1}{2}}, \quad \dfrac{Q}{B} = \dfrac{1}{n} h_0^{\frac{5}{3}} I^{\frac{1}{2}},$$

$$h_0 = \left(\dfrac{nQ}{BI^{\frac{1}{2}}}\right)^{\frac{3}{5}} = \left(\dfrac{0.03 \times 450}{150 \times 0.001^{\frac{1}{2}}}\right)^{\frac{3}{5}} = 1.87\,\text{m}$$

$$h_c = \left(\dfrac{Q^2}{gB^2}\right)^{\frac{1}{3}} = \left(\dfrac{450^2}{g \cdot 150^2}\right)^{\frac{1}{3}} = 0.972\,\text{m},$$

$$V_c = \sqrt{gh_c} = \sqrt{gh_c} = \sqrt{g \times 0.972} = 3.09\,\text{m/s}$$

$h_0 > h_c$ であるから常流.

(4) $Q = AV$ であるから,$V = \dfrac{Q}{A} = \dfrac{Q}{Bh} = \dfrac{5.5}{10 \times 0.45} = 1.22\,\text{m/s}$

$Fr = \dfrac{V}{\sqrt{gh}} = \dfrac{1.22}{\sqrt{9.8 \times 0.45}} = 0.581 \qquad Fr = 0.581 < 1 \quad \therefore\ \text{常流}$

$h_c = \left(\dfrac{Q^2}{gB^2}\right)^{\frac{1}{3}} = \left(\dfrac{5.5^2}{g10^2}\right)^{\frac{1}{3}} = 0.314\,\text{m}$

$E = h + \dfrac{V^2}{2g} = 0.45 + \dfrac{1.22^2}{2g} = 0.526\,\text{m}$

(5) 流量は,$Q = AV = C\sqrt{RI}$ で表される.流路の断面積:A を一定として最大流量となるには,径深 R を最大,すなわち $R = A/S$ であるから潤辺 S を最小にする h と B の関係を求めればいい.

流積 $A = (B+mh)h$ であるから,$B = \dfrac{A}{h} - mh$ となる.

$$S = 2h\sqrt{m^2+1} + B = 2h\sqrt{m^2+1} + \dfrac{A}{h} - mh$$

この式から S を最小にする h を求める.よって h で微分する.

$$2\sqrt{m^2+1} - \dfrac{A}{h^2} - m = 0$$

$$2\sqrt{m^2+1} - \frac{B+mh}{h} - m = 0 \qquad \therefore \quad \frac{B}{h} = 2(\sqrt{m^2+1} - m)$$

8 章

(1) $\eta = a\sin(mx - nt + \varepsilon)$ とするとき

$$T = \frac{2\pi}{n} = \frac{2\pi}{0.072}$$

$$\lambda = \frac{2\pi}{m} = \frac{2\pi}{0.012}$$

$$c = \frac{\lambda}{T} = \frac{2\pi}{0.012} \times \frac{0.072}{2\pi} = \frac{0.072}{0.021} = 6\,\text{m/s}$$

$$u = \frac{g}{c}(\eta)_{\max} = \frac{9.8}{6} \times 2 = 3.27\,\text{m/s}$$

(2) $c = \sqrt{gh} = \sqrt{9.8 \times 4500} = \sqrt{44100} = 210\,\text{m/s}$

(3) $a = 2\,\text{m}, \quad L = 202.6\,\text{m}, \quad T = 12.0\,\text{s}$

(4) 波長 $\quad L = \sqrt{gh} \cdot T = 198\,(\text{m/s}) \times 900\,(\text{s}) = 178200\,\text{m}$

相対水深 $\quad \dfrac{h}{L} = \dfrac{4000}{178200} = 0.022 = \dfrac{1}{45} < \dfrac{1}{20}$ (長波である)

伝播速度 $\quad c = \sqrt{gh} = 198\,\text{m/s}$

(5) ① 正弦波, ② 波高, ③ 波長, ④ 2a, ⑤ $2\pi/m$, ⑥ L/T, ⑦ n/m, ⑧ 定常波, ⑨ 腹, ⑩ 節

(6) 水深が浅くなると波長のほうが大きくなるため, $k = \dfrac{2\pi}{L}$ とおくと,

$$C = \sqrt{\frac{g}{k}\tanh kh} = \sqrt{\frac{g}{k}\frac{e^{kh} - e^{-kh}}{e^{kh} + e^{-kh}}}$$

において

$L = \dfrac{2\pi}{k}$ が大きいとき, k は小さくならなければならないため

$$\frac{e^{kh} - e^{-kh}}{e^{kh} + e^{-kh}} = \frac{2kh}{e^h + e^{-h}} = \frac{2kh}{2} = kh$$

となる. したがって,

$$C = \sqrt{gh}$$

となる.

表面波は浅い海浜では波長が大きくなるため長波となる.

9章

(1) $F_D = \dfrac{1}{2}C_D \rho U^2 A = \dfrac{1}{2} \times 0.98 \times 1.0 \times 10^3\,[\mathrm{kg/m^3}] \times 6^2\,[\mathrm{m^2/s^2}] \times 2.0 \times 0.05$

$\quad = 1764\,\mathrm{N}$

(2) $Re = \dfrac{ud}{\nu} = \dfrac{1.5 \times 1}{1.31 \times 10^{-6}} = 1.15 \times 10^6$

C_D は問図 9.1 より約 0.4

∴ $D = C_D \dfrac{1}{2}\rho u^2 A = 0.4 \times \dfrac{1}{2} \times 1030 \times 1.5^2 \times 1 \times 40 = 1.854 \times 10^4\,\mathrm{N}$

潮の力：$1.857 \times 10^4 \times 3 = 5.562 \times 10^4\,\mathrm{N}$ となる．

(3) $L = C_L \dfrac{1}{2}\rho u^2 A = 0.8 \times \dfrac{1}{2} \times 0.4 \times \left(\dfrac{900 \times 10^3}{60 \times 60}\right)^2 \times 500 = 5 \times 10^6\,\mathrm{N}$

$D = C_D \dfrac{1}{2}\rho u^2 A = 0.02 \times \dfrac{1}{2} \times 0.4 \times \left(\dfrac{900 \times 10^3}{60 \times 60}\right)^2 \times 500 = 1.25 \times 10^5\,\mathrm{N}$

付　録

1. 単位と次元

(1) SI 単位系

物理量を表すには単位が必要であり，本書では **SI**（Le Système International d'Unités）を用いている．**SI** は国際単位系とも呼ばれ，付表 1 に示されている 3 個の基本単位から成り立っている．これらの中で，流体力学ととくに関係の深いものは，

　　　長さ　m,　　　質量　kg,　　　時間　s

の三つである．

これらの基本単位を組み合わせた組立単位によって他の物理量を表すことができる．付表 2 は基本単位で表される SI 組立単位の例，付表 3 は組立単位に固有の名称を付けている例，付表 4 は固有の名称を用いて表される組立単位の例である．

付表 1　SI の基本単位

量	名　称	記　号
長　さ	メートル	m
質　量	キログラム	kg
時　間	秒	s

付表 2　基本単位で表される SI 組立単位の例

面　積	平方メートル	m^2
体　積	立法メートル	m^3
速　度	メートル毎秒	m/s
加速度	メートル毎秒毎秒	m/s^2
密　度	キログラム毎立法メートル	kg/m^3
動粘性係数（動粘度）	平方メートル毎秒	m^2/s
流　量	立法メートル毎秒	m^3/s

付表3　固有の名称をもつ SI 組立単位の例

量	名称	記号	定義
力	ニュートン	N	$m \cdot kg/s^2$
圧力，応力	パスカル	Pa	N/m^2
エネルギー	ジュール	J	$N \cdot m$
仕事率	ワット	W	J/s
周波数	ヘルツ	Hz	$1/s$

付表4　固有の名称を用いて表される SI 組立単位の例

量	名称	記号
粘度	パスカル秒	$Pa \cdot s$　$= kg/(m \cdot s)$
力のモーメント	ニュートンメートル	$N \cdot m$　$= kg \cdot m^2/s^2$

(2) 工学単位系

工学単位系は重力単位系とも呼ばれ，質量の代わりに力を基本単位の一つとしている．

　　長さ　m,　　力　kgf,　　時間　s

1 kgf は質量 1 kg の物体に働く重力の大きさ（重さ）であり，

　　1 kgf = 9.80665 N

という関係にある．代表的な物理量について SI と工学単位系の対照表を付表5に示す．

付表5　SI と工学単位系の対照表

量	SI	工学単位系	量	SI	工学単位系
長さ	m	m	力	N	kgf
質量	kg	$kgf \cdot s^2/m$	圧力，応力	Pa	kgf/m^2
時間	s	s	エネルギー	J	$kgf \cdot m$
速度	m/s	m/s	仕事率	W	$kgf \cdot m/s$
加速度	m/s^2	m/s^2			

2. 流体の物性

以下の数値は理科年表平成17年度［机上版］（丸善（株））より抜粋．

付　録

(1) 水と水銀の密度

$[\times 10^3 \text{ kg/m}^3]$

温度 [℃]	0	5	10	15	20	25	30	40	50
水	0.99984	0.99996	0.99970	0.99910	0.99820	0.99704	0.99565	0.99222	0.98804
水銀	13.5951	13.5858	13.5705	13.5582	13.5459	13.5336	13.5214	13.4970	13.4726

1 atm = 101325 Pa における密度

(2) 飽和状態における水および水蒸気の密度

温度 [℃]	0	10	20	30	40	50
p [atm]	0.00603	0.01211	0.02306	0.04186	0.0728	0.1217
$\rho_L [10^3 \text{kg/m}^3]$	0.9998	0.9997	0.9982	0.9956	0.9922	0.9880
$\rho_v [\text{kg/m}^3]$	0.00485	0.00940	0.01729	0.03037	0.0512	0.0830

p：飽和圧力，　ρ_L：飽和状態における水の密度，　ρ_v：飽和水蒸気の密度

(3) 空気の密度

温度 [℃]	0	5	10	15	20	30
$\rho [\text{kg/m}^3]$	1.293	1.270	1.247	1.226	1.205	1.165

1 atm = 101325 Pa における密度

(4) 主な気体の密度と比重

密度の単位 $[\text{kg/m}^3]$

気体	密度	比重	気体	密度	比重
一酸化炭素	1.250	0.967	空気	1.293	1
二酸化炭素	1.977	1.529	酸素	1.429	1.105
オゾン	2.14	1.66	水素	0.0899	0.0695
ヘリウム	0.1785	0.0138	窒素	1.250	0.967

標準状態 [0 ℃, 101325 Pa] における密度および同じ状態における空気に対する比重を示す．

(5) 主な流体の粘度

物質	0 ℃	25 ℃	50 ℃	75 ℃	100 ℃
空気 $[\times 10^{-6} \text{Pa·s}]$	17.1	18.2	19.3	20.5	21.6
水銀 $[\times 10^{-3} \text{Pa·s}]$	1.616	1.528	1.401	1.322	1.255

1 atm = 101325 Pa における粘度を示す．

(6) 主な気体の粘度

$[\times 10^{-6}\,\mathrm{Pa\cdot s}]$

物質	粘度	物質	粘度	物質	粘度
アルゴン	22.3	空気	18.2	二酸化炭素	14.7
酸素	20.4	窒素	17.6	塩素	13.2
ヘリウム	19.6	一酸化炭素	17.4	水素	8.8

1 atm = 101325 Pa, 20 ℃における粘度を示す．

(7) 水の表面張力

$[\times 10^{-3}\,\mathrm{N/m}]$

t(℃)	T	t(℃)	T	t(℃)	T
0	75.62	20	72.75	50	67.90
5	74.90	25	71.96	60	66.17
10	74.20	30	71.15	80	62.60
15	73.48	40	69.55	100	58.84

空気に対する値を示す．

3. 次元の補足説明

物理量は長さ $[L]$，質量 $[M]$ あるいは力 $[F]$，時間 $[T]$ の基本的な次元 (dimension) の組み立て単位によって表すことができる．

例えば，流速 = 移動距離 ÷ 時間，流速 $[v] = [LT^{-1}]$

$$加速度 = 流速の時間変化, \quad [\alpha] = [LT^{-2}]$$

$$力 = 質量 \times 加速度, \quad [F] = [M\alpha] = [MLT^{-2}]$$

$$フルード数 = 代表流速 / (重力加速度 \times 代表長さ)^{1/2},$$

$$Re = 1 : 無次元量 \text{ (non-dimension)}$$

基本量として長さ $[L]$，質量 $[M]$，時間 $[T]$ を用いる場合を LMT 系，長さ $[L]$，力 $[F]$，時間 $[T]$ の場合を LFT 系の次元という．LMT 単位系では長さ，質量，時間の単位をそれぞれ m, kg, s とした国際単位系 (SI：Système International d'Unités 単位系) が用いられている．一方，工学の分野では LFT 単位系 (工学単位系，重力単位系) が用いられてきており，力の単位として gf (グラム重)，kgf (キログラム重) と表している．

4. 相対的静止

静止している流体の水面は重力が垂直に働くのでその力と直角，すなわち水平となる．いま，付図1のように容器に流体を入れて，等加速度運動をしている場合を考えると容器に対して液体が相対的に静止していることとなる．このような状態は容器に加えられた加速度と同じ大きさで反対方向の加速度が液体に働いていると考えられ，相対的静止（相対平衡）と呼ばれる．図のように，水面は重力と x 方向の加速度 α の合力が働くのでその合力に対して直角になる．

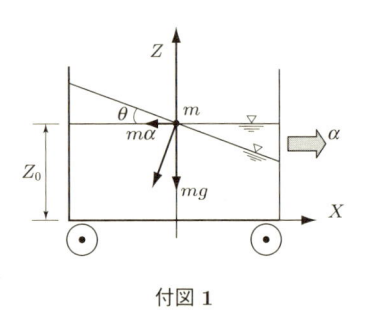

付図 1

水面に質量 m の水を考えると，容器を加速度 α で x 方向に運動させるので水には $-m\alpha$ の力が加えられたこととなる．したがって，水平方向に $-m\alpha$，鉛直下向きに mg となる．この合力に水面は垂直になる．

そこで，水面の傾きは次式で表される．

$$\tan\theta = \frac{m\alpha}{mg} = \frac{\alpha}{g}$$

次に付図2のように円筒容器に液体を入れて，Z 軸に一定な角速度 ω で回転している場合を考える．この現象は回転する水粒子が遠心力による加速度と，重力による加速度が作用することとなる．

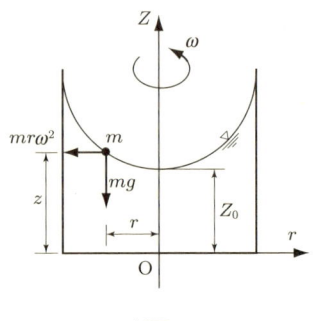

付図 2

円周方向を r, 回転中心軸を Z とすると任意点 (r,z) の水面で質量 m の水には円周方向に $mr\omega^2$, 鉛直下向きに mg の力が作用する．そこで水面はこの合力に直角となる．したがって，点 (r,z) の水面の傾き θ は次式で表される．

$$\tan\theta = \frac{mr\omega^2}{mg} = \frac{r\omega^2}{g}$$

ここで，水面を r-Z 座標系で表した場合，水面の傾きは dz/dr であるから，

$$\frac{dz}{dr} = \frac{\omega^2}{g}r$$

となり，この式を積分すると，

$$z = \frac{\omega^2}{2g}r^2 + C$$

となる．ここで $r=0$ で $z=Z_0$ であるから，$C=Z_0$ となる．したがって水面形を表す式は次式となる．

$$z = \frac{\omega^2 r^2}{2g} + Z_0$$

以上の相対的静止現象を別の解法，すなわちオイラーの運動方程式から水面形の式を導いてみる．

式 (5.6) のオイラーの運動方程式において，相対的静止であるので x, y, z 方向の流速 u, v, w は 0 であるから，左辺は 0 で，次の右辺のみが残る．

$$X = \frac{1}{\rho}\frac{\partial p}{\partial x}, \quad Y = \frac{1}{\rho}\frac{\partial p}{\partial y}, \quad Z = \frac{1}{\rho}\frac{\partial p}{\partial z}$$

したがって，圧力差 dp は，次式となる．

$$dp = \rho(Xdx + Ydy + Zdz)$$

この式が相対的静止の基礎式である．水面形を求めるにはこの式の X, Y, Z に各方向の外力を代入し，水面での圧力 $dp=0$ とればよい．

上の例題で一定加速度で移動する場合，$X=-\alpha$, $Y=0$, $Z=-g$ であるから，$0 = \rho(-\alpha dx - g dz)$.

$$\frac{dz}{dx} = -\frac{\alpha}{g}, \quad 両辺を積分して，\quad z = -\frac{\alpha}{g}x + C.$$

ここで，$x=0$ で $z=Z_0$ であるから，水面形は，$z = -\dfrac{\alpha}{g}x + Z_0$ となる．

5. 相似則

　河川や海岸などで生じる自然の大規模な現象では，理論的解析，すなわち数学的な方法だけでは解決できない問題が多く，その場合には模型実験の成果を組み入れて解析が行われている．模型実験では現地の現象を縮小して再現し，その流れや水圧などの水理学的な諸因子を計測して，その結果から現地の現象を推定しようとするものである．

　模型実験が有効であるためには，模型（model）と原型（prototype）の間に幾何学的な相似とともに力学的な相似が保たれていなければならない．この力学的相似性を規定する法則を相似則（low of similarity）と呼び，力学的な諸量を表す無次元量を模型と原型で一致させることである．

　運動する流体に作用する力は重力，粘性力，表面張力，圧力，弾性力などがあるが，流体は模型でも原型でもニュートンの運動の第2法則に従って運動するので次式のように表される．

$$重力 + 粘性力 + 表面張力 + 圧力 + 弾性力 = 慣性力$$

そこで，運動する流体の慣性力との比は，

$$\frac{重力 + 粘性力 + 表面張力 + 圧力 + 弾性力}{慣性力} = 1$$

となる．相似則では左辺の各項の無次元量を模型と原型で一致させることとなる．しかし地球上で実験を行う場合には重力加速度が一定であり，また使用する水が同一であるとすると複数の無次元量を同時に合わせることは困難となる．そこで解明しようとする流動現象を支配する無次元量のみを模型と原型で合わせることとなる．流動現象がどのような無次元量によって支配されるかは次元解析などの方法から導かれる．

　相似則の例を説明する．自由水面を有して流れる現象や水の波の運動などは重力の影響が支配することから，重力による力と慣性力に関する無次元量は，

$$\frac{慣性力}{重力} = \frac{m\alpha}{mg} = \frac{\rho L^3 L/s^2}{\rho L^3 g} = \frac{\rho L^2 L^2/s^2}{\rho L^3 g} = \frac{U^2}{Lg}, \quad \frac{U}{\sqrt{Lg}} = Fr$$

であるので，フルード数は Fr となり，相似則ではこの Fr を模型と原型で一致させることとなる．ここで，L を長さ，s を時間，U を流速の各代表値とする．具体的にこの場合の相似則は以下のようになる．

$$\frac{Fr_m}{Fr_p} = \frac{U_m/\sqrt{L_m g_m}}{U_p/\sqrt{L_p g_p}} = \frac{U_m}{U_p}\left(\frac{L_p}{L_m}\right)^{1/2} = 1, \quad \text{よって，} \quad \frac{U_m}{U_p} = \left(\frac{L_m}{L_p}\right)^{1/2}$$

　ここで，添え字 m, p はそれぞれ，模型，原型を表す．模型と原型の縮尺を $L_m/L_p = S$ とすると，

$$U_m = S^{1/2} U_p$$

となり，結局，原型の流れ現象を模型実験で再現するためには原型流速に対して縮尺 S の 1/2 乗の流速で模型実験を行うこととなる．流量に関しては次式となる．

$$\frac{Q_m}{Q_p} = \frac{A_m V_m}{A_p V_p} = \left(\frac{L_m}{L_p}\right)^2 \left(\frac{L_m}{L_p}\right)^{1/2} = S^{5/2}$$

次の例として，管水路内の流れや物体周りに作用する力などは，流体の粘性力が影響する流れとなるので，この場合を説明する．慣性力と粘性力の比は次式となる．

$$\frac{慣性力}{粘性力} = \frac{m\alpha}{\tau A} = \frac{\rho L^3 L/s^2}{\mu \left(\dfrac{du}{dy}\right) A} = \frac{\rho L^2 U^2}{\mu \dfrac{U}{L} L^2} = \frac{\rho L U}{\mu} = \frac{LU}{\nu} = Re$$

ここで，粘性によるせん断応力 $\tau = \mu \dfrac{du}{dy}$ 式 (1.9)，面積 A，粘性係数 μ，動粘性係数 ν である．したがって，粘性力が影響する流れ場において支配する無次元量はレイノルズ数 Re となる．そこで，この場合の相似則は以下のようになる．

$$\frac{Re_m}{Re_p} = \frac{L_m U_m / \nu_m}{L_p U_p / \nu_p} = \frac{L_m U_m}{L_p U_p} \left(\frac{\nu_m}{\nu_p}\right) = 1$$

同一流体を用いると，

$$\frac{U_m}{U_p} = \left(\frac{L_m}{L_p}\right)^{-1}$$

よって，$U_m = S^{-1} U_p$ となる．

参考文献（著者あいうえお順）

本書の執筆にあたって参考にした文献を列記した．

(1) 石綿 良三：流体力学入門，2000，森北出版
(2) 伊藤 実・吉川 貞治：水理学，1998，彰国社
(3) 岩佐 義朗：水理学，1967，朝倉書店
(4) 日下部 重幸・檀 和秀・湯城 豊勝：水理学，2002，コロナ社
(5) 水工学研究会 編：水理学 水工学序論，2000，技報堂出版
(6) 鈴木 幸一：水理学演習，1995，森北出版
(7) 須藤 浩三 編 児島 忠倫・清水 誠二・蝶野 成臣・西尾 正富：流体の力学，2001，朝倉書店
(8) 中山 泰喜：流体の力学，1992，養賢堂
(9) 早川 典生：水工学の基礎と応用，1994，彰国社
(10) 日野 幹雄：流体力学，1992，朝倉書店
(11) 松岡 祥浩・青山 邑里・児島 忠倫・應和 靖浩・山本 全男：流れの力学—基礎と演習—，2001，コロナ社
(12) 三浦 晃・遠藤 茂勝：水理学（改訂版），1991，日新出版
(13) 水村 和正：わかりやすい水理学の基礎，2002，共立出版

索　引

あ　行

圧縮性 compressibility　21
圧縮性流体 compressible fluid　21
圧力 pressure　7
水圧計 piezometer　11
圧力損失 pressure drop　40
圧力抵抗 pressure drag　88
圧力の中心 center of pressure　13
圧力水頭 pressure head　28
位相 phase　73
位置の水頭 potential head　28
運動エネルギー kinetic energy　27
運動方程式 equation of motion　34
運動量 momentum　28
運動量の法則 momentum theory　28
運動量保存則 momentum conservation law　45
エルボ elbow　49
エネルギー保存の法則 energy conservation law　26
オイラーの運動方程式 Euler's equation of motion　37

か　行

開水路 open channel　54
外力 external force　35
カルマン渦列 Karman vortex street　86
完全流体 ideal fluid　22
急変流 rapidly varied flow　54
共役水深 sequent depth　67
曲管 bend　49
クエット流 Couette flow　3
限界水深 critical depth　59
限界速度 critical velocity　60
限界レイノルズ数 critical Reynolds number　23
径深 hydraulic mean depth　40
抗力 drag　82
抗力係数 drag coefficient　82

さ　行

射流 rapid flow　60
周期 wave period　72
縮流 vena contracta　46
常流 subcritical flow　60
潤辺長 wetted perimeter　41
進行波 progressive wave　71
振幅 amplitude　73
水深 water depth　8
水頭 head　28
水頭損失 head loss　40
すべりなしの条件 no-slip condition　3
正弦波 sinusoidal wave　72

静水圧 hydrostatic pressure　　7
節 node　　74
せん断応力 shear stress　　3
全圧力 total pressure　　7
全水頭 total head　　28
漸変流 gradually varied flow　　54
相対水深 relative depth　　72
層流 laminar flow　　22
速度 velocity　　19
速度水頭 velocity head　　28

た行

跳水 hydraulic jump　　67
長波 long wave　　74
定常波 standing wave　　74
定常流 steady flow　　22
伝播速度 wave celerity　　72
動水半径 hydraulic mean depth　　40
動粘性係数 Coefficient of kinematic viscosity　　2
等流 uniform flow　　54

な行

流れ flow　　54
波 wave　　71
粘性 viscosity　　2
粘性係数 viscosity coefficient　　2

は行

背水曲線 backwater curve　　64
波形こう配 wave steepness　　72
波高 wave height　　72
波長 wave length　　72
波動 wave motion　　72

腹 loop　　74
非圧縮流体 in compressible fluid　　21
比エネルギー specific energy　　58
比重 specific gravity　　1
比重量 specific weight　　1
比体積 specific volume　　2
非定常流 unsteady flow　　54
表面張力 surface tension　　4
不等流 non-uniform flow　　54
浮力 buoyancy　　15
フルード数 Froude number　　61
平均圧力 mean pressure　　7
ベルヌーイの定理 Beroulli's theorem　　28
弁 valve　　49

ま行

摩擦損失係数 coefficient of frictional loss　　50
摩擦抗力 frictional drag　　82
マノメーター manometer　　11
水粒子 water particle　　20
密度 density　　1
毛管現象 capillary　　4

や行

揚力 lift　　82
揚力係数 lift coefficient　　82

ら行

乱流 turbulent flow　　22
理想流体 ideal fluid　　21
流速 velocity　　19

流線 stream line　20
流体粒子 fluid particle　34
流量 flow rate　19

レイノルズ数 Reynolds number　22
連続の式 equation of continuity　25

著者略歴

和田　明（わだ・あきら）
1963年　大阪大学大学院工学研究科博士課程修了
1963年　財団法人　電力中央研究所　入所
1979年　同所　土木研究所　環境水理部長
1985年　同所　我孫子研究所　副所長　参事（水理，生物部担当）
1988年　東海大学海洋学部海洋土木工学科教授
1995年　日本大学生産工学部土木工学科教授
2005年　日本大学大学院総合科学研究科教授
2013年　日本大学名誉教授
　　　　現在に至る

遠藤　茂勝（えんどう・しげかつ）
1968年　日本大学大学院理工学研究科博士課程建設工学専攻修了
1969年　日本大学生産工学部助手
1974年　日本大学生産工学部専任講師
1987年　日本大学生産工学部助教授
1990年　日本大学生産工学部教授
2007年　社団法人国際海洋科学技術協会理事
2011年　特定非営利活動法人日本海洋工学会顧問
　　　　現在に至る

落合　実（おちあい・みのる）
1978年　日本大学大学院生産工学研究科博士前期課程土木工学専攻修了
1978年　日本大学生産工学部副手
1984年　日本大学生産工学部助手
1989年　日本大学生産工学部専任講師
2001年　日本大学生産工学部助教授
2007年　日本大学生産工学部准教授
2009年　日本大学生産工学部教授
　　　　現在に至る

やさしい水理学　　　ⓒ 和田　明・遠藤茂勝・落合　実　2005

2005年 9月21日　第1版第1刷発行　　【本書の無断転載を禁ず】
2022年 4月20日　第1版第8刷発行

著　者　和田　明・遠藤茂勝・落合　実
発行者　森北博巳
発行所　森北出版株式会社
　　　　東京都千代田区富士見1-4-11（〒102-0071）
　　　　電話 03-3265-8341／FAX 03-3264-8709
　　　　https://www.morikita.co.jp/
　　　　日本書籍出版協会・自然科学書協会　会員
　　　　JCOPY ＜（一社）出版者著作権管理機構　委託出版物＞

落丁・乱丁本はお取替えいたします．　印刷/太洋社・製本/(株)ブックアート

Printed in Japan／ISBN978-4-627-49601-9

MEMO

MEMO